AF465312

ADOLPHE MURILLO

Professeur d'Obstétrique et de Clinique d'accouchements de l'Université du Chili
Ancien Professeur de Thérapeutique
Membre de diverses Sociétés savantes et littéraires d'Amérique et d'Europe

---

Plantes Médicinales du Chili

EXPOSITION UNIVERSELLE DE PARIS
1889
SECTION CHILIENNE

Plantes Médicinales

DU CHILI

OUVRAGES DU MÊME AUTEUR

Introduction à l'Etude de l'Histoire naturelle, 1863. — 1 vol. de 232 pages.

Mémoires et travaux scientifiques, comprenant : une étude sur les corps gras phosphorés; application de l'électricité au traitement des anévrismes; notes pour l'histoire des maladies du foie au Chili; description d'une tumeur rare de la cuisse; un court traité sur les plantes médicinales; et lettres sur la mortalité des enfants. — 1 vol. de 282 pages.

L'Allaitement maternel au point de vue de la mère, de l'enfant, de la famille et de la société. — 1 vol. de 131 pages.

Contribuzzione allo studio della epatite suppurativa del Chili (de la *Revue clinique de Bologne*), 1875. — 1 brochure à 2 colonnes de 16 pages.

Etudes médico-chirurgicales comprenant 39 travaux ou mémoires, 1876. — 1 vol. de 365 pages.

Rapports présentés à la Commission spéciale de Bienfaisance, 1877. — 1 vol de 62 pages.

La Vaccine obligatoire. — Discours prononcé à la Chambre des Députés, 1882. — 1 brochure de 27 pages.

Précautions contre le Choléra, 1886. — 1 brochure de 32 pages.

Pharmacopée chilienne (avec la collaboration de M. Charles Middleton), 1886. 1 vol. de 457 pages.

Nombreux articles de collaboration sur l'Obstétrique, la Gynécologie et l'Hygiène, parus dans la *Revue Médicale*, *Bulletin de Médecine du Chili*, et autres publications.

A. ROGER Y F. CHERNOVIZ — IMPRIMERIE DE LAGNY

ADOLPHE MURILLO

Professeur d'Obstétrique et de Clinique d'accouchements de l'Université du Chili
Ancien Professeur de Thérapeutique
Membre de diverses Sociétés savantes et littéraires d'Amérique et d'Europe

Plantes Médicinales du Chili

EXPOSITION UNIVERSELLE DE PARIS
1889
SECTION CHILIENNE

INTRODUCTION

Ce n'est pas la première fois que je fais une étude sur les plantes médicinales du Chili. Dans les premières années de ma carrière, je leur payai mon tribut, et, comme fruit de mon étude, un mémoire fut imprimé et peut se lire dans les *Annales de l'Université* de 1861; je le complétai peu de temps après à l'aide de nouveaux renseignements.

Ces divers travaux se ressentent d'un manque de connaissances approfondies de l'auteur et ont le grave inconvénient de signaler une quantité assez considérable de plantes européennes qui croissent dans le pays, mais n'en sont pas originaires.

Le travail que j'entreprends ici est plus étendu et contient de nombreux renseignements; seules les plantes qui peuvent être considérées comme originaires du Chili, y trouveront place. C'est, en un mot, un ouvrage complètement nouveau, par sa rédaction, par sa forme, par l'ordre suivi et par les nombreuses observations qui lui servent de base.

Les proprietés thérapeutiques connues superficiellement de tous, à peine esquissées précédemment, suivront dans ce livre un ordre tout différent ; on y trouvera une foule d'observations et de faits ignorés jusqu'à ce jour, ou mal exposés.

Chaque article indique le nom sous lequel la plante est le plus connue, le nom scientifique vient ensuite. Puis on trouve la Bibliographie Botanique avec l'indication de l'auteur ou des auteurs principaux qui l'ont décrite, du volume, de la page et du titre de l'ouvrage qui s'y rapporte; la vignette est indiquée quand elle existe, ainsi que les synonymes.

J'expose ensuite, dans un résumé, les principaux caractères botaniques de l'espèce, ou du genre s'il y a lieu, la qualité du terrain où elle croît, les provinces où elle est la plus commune, les divers noms vulgaires sous lesquels on la désigne, souvent aussi l'usage qu'en fait l'industrie, et, enfin, sa composition et ses usages thérapeutiques.

J'ai cru devoir signaler pour chaque plante, quand cela m'a été possible, les propriétés et les usages que chaque auteur lui a attribués, réunissant ainsi un nombre d'éléments plus considérable qui permet de mieux apprécier ses vertus, et qui offre, en même temps, une base plus vaste aux investigations.

Je m'empresse de dire que pour l'ordre suivi dans ce travail, au point de vue botanique, je me suis inspiré en tous points de l'ouvrage si important et si justement apprécié de MM. Bentham et Hooker, intitulé : *Genera Plantarum*.

Les descriptions sont extraites, en majeure partie, pour ne pas dire en totalité, du monumental ouvrage de Gay, et des nombreux travaux de mon estimable professeur M. R. A. Philippi, si connu dans le monde savant.

En ce qui concerne la Bibliographie, j'ai eu pour important auxiliaire le Catalogue des plantes vasculaires chiliennes, écrit par mon ami le professeur de Botanique M. Frédéric Philippi.

Qu'il me soit permis d'exprimer ici tout ce que je dois à ce professeur distingué, et excellent ami, pour le savant concours qu'il m'a prêté dans ce travail, concours qui a été presque une véritable collaboration.

J'indiquerai plus loin les titres des principaux ouvrages que j'ai consultés pour la rédaction de mon livre.

En publiant cet ouvrage, je désire qu'il soit utile à ceux qui dans l'avenir voudront s'occuper de l'étude de la Flore chilienne, au point de vue de la chimie et spécialement de la thérapeutique.

Je crois accomplir ici un devoir en réunissant dans ce travail ce que d'autres ont écrit sur la matière médicale chilienne, et en y ajoutant le peu que mon expérience m'a enseigné. Tel est ce livre et rien de plus : c'est le fruit d'une patiente et laborieuse récapitulation faite dans toutes les littératures. S'il n'a pas une grande valeur par lui-même, il a du moins celle d'avoir été inspiré par un sentiment sincère et élevé et aussi le profond intérêt avec lequel ont été réunies les matières éparses qui ont servi à sa formation.

Adolphe MURILLO.

Santiago du Chili, juillet 1888.

PRINCIPAUX OUVRAGES

CONSULTÉS PAR L'AUTEUR

CL. GAY. — *Histoire physique et politique du Chili,* publiée sous les auspices de notre Gouvernement. La partie qui traite de la Botanique se compose de huit volumes et a été faite avec la collaboration de MM. RÉMY, RICHARD, MONTAGNE, CLOS, NAUDIN, BARNEOUD et DESVAUX. — Années 1845 à 1852.

R. A. PHILIPPI. — *Eléments de Botanique à l'usage des Etudiants en Médecine et Pharmacie du Chili.* — 1 vol. in-4°, année 1869. — Divers mémoires publiés par le même auteur dans des revues et publications scientifiques.

FEDERICO PHILIPPI. — *Catalogus plantarum vascularnm chilensum.* — Année 1881. — 1 vol in-4°.

FRÉZIER. — *Relation d'un voyage dans les mers du Sud, aux côtes du Chili et du Pérou,* fait pendant les années 1712, 1713 et 1714 par M. Frézier. 1 vol.

FEUILLÉE. — *Journal des Observations Physiques, Mathématiques et Botaniques,* faites par l'ordre du Roy sur les côtes de l'Amérique méridionale, etc. 3 vol. — Le troisième volume fut publié dix ans après le deuxième.

BERTERO. — *Liste des Plantes* observées par cet infortuné naturaliste en 1828. (*Le Mercure*, journal chilien de 1829).

RUIZ et PAVON. — *Systema vegetabilium flora peruviana et chilensis, characteres prodromi genericos differentiales speciorum omnium differentias durationem,* etc., 1798. — 2 vol.

JUAN IG. MOLINA. — *Abrégé de l'Histoire géographique naturelle et civile du Chili,* traduit en espagnol en 1788. — 2 vol.

MÉRAT et de LENS. — *Dictionnaire universel de Matière médicale et de Thérapeutique générale, 1829-1846,* 7 vol. — Cet ouvrage contient des renseignements très intéressants sur les plantes américaines, pris sur des notes de divers voyageurs et naturalistes.

PADRE ROSALES. — *Histoire générale du Royaume du Chili.* — Edition préparée par Benjamin Vicuña Mackenna. Elle renferme plusieurs chapitres de beaucoup d'intérêt sur les plantes médicinales.

ANJEL VASQUEZ. — *Traité complet de Pharmacie.* Divers mémoires.

VICENTE BUSTILLOS. — *Divers travaux,* quelques-uns en collaboration avec le précédent.

Annales de l'Université du Chili, 60 vol. — Cette collection contient plusieurs articles très importants d'auteurs divers.

Annales de l'ancienne Société de Pharmacie, 9 vol. — Cette revue est, sans aucun doute, bien supérieure aux *Nouvelles Annales.*

Revue de Médecine du Chili, 16 vol.

Bulletin de Médecine du Chili, 2 vol.

PENNESSE. — *Manuel de Médecine pratique*, 1 vol., 1869.

Revue de Médecine de Valparaiso (Chili).

Bulletin de Thérapeutique, et Bulletins et Mémoires de la Société de Thérapeutique, 1878, 1 vol.

MURILLO y MIDDLETON. — *Pharmacopée chilienne*, 1886, 1 vol.

MURILLO. — *Mémoire sur les Plantes médicinales du Chili*, 1861. 1 vol. de 60 pages.

Plantes Médicinales du Chili

RENONCULACÉES

CENTELLA (1)

Anemone decapetala.

Lin. Mant., p. 79. — A. bilobata, Juss. — bicolor, Poepp. — helleborifolia. D. C. — sphenophylla, Poepp. — decapetala et helleborifolia Bert. Merc. Chil. — Gay, I, 23.

Cette herbe possède des racines tubéreuses ovales ; ses feuilles sont d'un vert foncé, légèrement duvetées, presque rondes et divisées en trois lobes principaux, cunéiformes, rarement festonnées, mais fréquemment fendues. Le pétiole est long et duveté. Entre les feuilles naissent d'un à quatre glaïeuls d'un pied de long, garnis d'un involucre composé de trois feuilles presque sessiles, duvetées et très ressemblantes aux feuilles principales par leurs parties laciniées ; les fleurs sont d'un bleu clair avec 10 à 12 sépales ovales, obtus ou très légèrement pointus.

(1) Les habitants de la campagne donnent aussi ce nom au *Ranunculus muricatus* L., très commun dans les parages humides, et qui occasionne aux animaux, quand ils le mangent en quelque quantité, une grave inflammation des intestins suivie d'entérorrhagies et d'hématuries qui entraînent la mort.

Elle croît dans les terrains humides, abondants en pâturages, du Chili; on la rencontre depuis les bords de la mer jusqu'à une altitude de 2900 pieds. Elle fleurit aux mois d'août et septembre et ses fruits mûrissent en octobre et novembre.

Le père Penesse, auteur d'un livre sur la médecine populaire, lui attribue les propriétés de diurétique, diaphorétique, corrosive et caustique.

Il dit qu'elle est utile dans les cas d'ophtalmie, épilepsie, céphalalgie, asthme, engorgements scrofuleux, etc. Il conseille de la prendre en poudre, à la dose de 6 à 12 grains, les feuilles en décoction (une demi drachme pour une livre d'eau), et la teinture de 12 à 24 gouttes. Les feuilles fraîches, ajoute-t-il, appliquées sur la peau sont très caustiques.

Je peux dire, pour ma part, que les naturels du pays utilisent les feuilles de la *Centella* comme rubéfiant, et les emploient quand ils veulent déterminer sur la peau une révulsion plus ou moins active et rapide. Ses effets ressemblent à ceux de la moutarde et son action se mesure d'après la durée de son application.

M. le docteur Juan Miquel conseillait une pommade préparée avec le jus de la *Centella* pour maintenir la suppuration des vésicatoires, et dans tous les cas où il est nécessaire d'obtenir une révulsion plus ou moins active.

Douée de ces qualités, cette plante est appelée à remplir un rôle important dans la médecine chilienne; et il est regrettable que les chimistes ne se soient point préoccupés de son analyse. En attendant cette analyse, et la lumière que peuvent nous donner les expériences scientifiques, sur son pouvoir et sur sa manière d'agir, je crois que l'administration de la *Centella* à l'intérieur, est, non seulement préjudiciable, mais dangereuse. L'activité que montre cette plante dans son application à l'usage externe, prouve qu'il faut une excessive prudence quand il s'agit de l'employer par la voie stomacale.

MAILLICO

Psycrophila andicola.

Gay, I, 49, tab. 2.

Très petite plante entièrement glabre; ses racines sont très grosses, traînantes et chargées de longues fibres; les feuilles sont subcordiformes, coriacées, sinueuses, de couleur vert foncé et pourvues de deux appendices droits; elles ont de longs pétioles striés et dilatés vers leur base en une membrane qui persiste en forme d'écailles à la chute des feuilles; entre ces pétioles naissent un ou plusieurs glaïeuls épais, surmontés d'une fleur blanche composée de six sépales arrondis; les étamines et les pistils sont nombreux et on y voit de 30 à 40 follicules ovales, linéaires, légèrement comprimées; chaque follicule renferme de deux à trois graines luisantes parsemées de petites taches rouges et circonscrites.

Cette plante croît dans la partie élevée des Cordillères des provinces centrales, dans les prés baignés par les eaux provenant de la fonte des neiges.

Les indigènes apprécient beaucoup la racine de cette plante : ils l'administrent sous la forme d'infusions chaudes dans les cas de digestions difficiles, gaz et autres dérangements de l'estomac. La racine mâchée est aussi employée comme odontalgique.

Doit-elle ses propriétés à une substance balsamique, si commune dans les plantes qui naissent sur les hauteurs, ou à un principe amer? Je l'ignore; jusqu'à présent aucune investigation chimique pour connaître sa composition n'a été pratiquée. Mais il est certain que son usage est très répandu et qu'on la vend en abondance.

MAGNOLIACÉES

CANELO

Drymis chilensis.

D. C. Prodr. 78. — Gay, I, 61.

Arbre très élancé de 10 à 12 mètres de hauteur, touffu, en forme pyramydale; ses feuilles sont glabres, un peu coriacées, oblongues ou lancéolées, entières, vertes en dessus et glauques en dessous; les pétioles courts, épais, se prolongent jusqu'à la pointe des feuilles; les fleurs forment une espèce d'épi d'un blanc pur et ont le pédoncule très court, garni d'un involucre composé de plusieurs petites feuilles ovales; le calice est unique quand la fleur est en bouton, mais, quand elle s'ouvre, il se sépare en deux, rarement en trois petites feuilles concaves; les étamines sont nombreuses et leurs filaments sont droits, épais et terminés par une pointe qui porte de chaque côté les deux petites cellules de l'anthère; les stigmates sont latéraux et aplatis; les ovaires sont uniloculaires, au nombre de 8 à 10; les baies sont noirâtres, ovales, comprimées et un peu courtes.

Le *Drymis Winteri* paraît être seulement une variété du *D. chilensis*, bien que plusieurs botanistes l'aient décrit comme une espèce distincte.

Le *Canelo* commun croît depuis la rivière Limari jusqu'à la province de Chiloé et celui de *Winter* entre Chiloé et Magellan.

« Il existe dans ce royaume un arbre célèbre que les Indiens appellent *boyque* ou *boighe*, et les Espagnols *canelo* parce qu'il ressemble au *canelo* qui croît à Cumáco, dans la province de Quito, comme l'a noté Francisco de Gomora dans son *Histoire générale des Indes*. Il est très estimé des naturels, leur servant de sauf-conduit pour passer d'une province à l'autre, et d'étendard dans les conférences de paix. Cet arbre joue chez ces Indiens le même rôle que chez les Romains l'olivier et la verveine; particulièrement dédié aux démons, il est aussi l'autel de leurs sacrifices et le trépied d'où prophétisent leurs oracles. Il faut signaler qu'il y a trois espèces de *canelos :* la première qui sert aux *machis* (médecins), sorciers et *dugales* (devins) pour leurs guérisons et leurs invocations aux démons; ces misérables teignent le tronc du *canelo* avec le sang des animaux tués, et offrent ensuite au « mauvais esprit » les cœurs et les têtes. Cette espèce possède une feuille très large, très verte d'un côté et blanchâtre de l'autre. La deuxième espèce de *canelo,* qui est le symbole de la paix, figurant dans toutes leurs réunions ou *parlamentos* (1) sert aussi de passeport et de sauf-conduit pour aller d'un endroit à l'autre; cet arbre possède une feuille plus petite, un peu longue, verte d'un côté et cendrée de l'autre.

« La troisième espèce de *canelo* ressemble aux deux autres, sauf pour la feuille qui est frisée; elle ne sert pas à la conclusion des traités de paix, mais les Indiens s'en servent pour tromper et trahir tous ceux qui ne connaissent pas les différentes espèces de *canelo,* ainsi qu'il arriva dans la révolte de l'année 1655 au fort d'Arauco. Les Indiens (araucaniens) s'étant soulevés donnèrent plusieurs assauts afin de s'emparer du fort; les Espagnols qui étaient à l'intérieur se défendirent avec le plus grand courage, souffrant de la faim et de la fatigue tout le temps que dura le siège. Considérant qu'ils ne pouvaient vaincre ces braves par les armes et les chasser de leurs terres, ils tentèrent de le faire avec leur astuce habituelle. Comme des renards rusés, ils se présentèrent sans armes et portant des branches de *canelo,* demandèrent humblement au commandant Don José de Volea de les laisser entrer afin de pouvoir traiter avec lui des conditions de paix et de capitulation, parce qu'ils se repentaient de leurs fautes et en étaient assez punis en perdant la précieuse

(1) Importantes conférences dans lesquelles un grand nombre d'Indiens, présidés par les caciques (chefs), délibèrent sur les mesures à prendre pour leur défense ou pour leurs cérémonies funèbres.

amitié des Espagnols ; c'est pourquoi ils venaient faire amende honorable et implorer leur pardon. — ROSALES. »

Cet arbre fleurit en mai à Illapel, en septembre à Valdivia, et reste toujours vert. Il croît dans les parages les plus humides du Chili, dans les bas-fonds, au bord des rivières, etc.; on le trouve dans l'île de Juan Fernandez, au détroit de Magellan, dans l'archipel de Chiloé, enfin jusqu'en Araucanie. Il est plus rare à mesure qu'on se rapproche du Nord, jusqu'à la rive nord du fleuve Limari, c'est-à-dire vers 31° de latitude sud. Dans les Cordillères, il suit les gorges des vallées et atteint jusqu'à 1500 *varas* d'altitude. Les habitants du Chili lui donnent le nom de *canelo* et les Araucaniens (indiens) celui de *boighe* ou *boyque*. Ces derniers le regardent comme sacré et ont pour lui un profond respect et une sorte de vénération. C'est à l'ombre de son élégant et merveilleux feuillage qu'ont lieu d'ordinaire ces réunions ou assemblées si imposantes que l'esprit de vengeance engendre et provoque et qui en maintes occasions décident de la vie ou de la mort d'un individu, d'une famille et quelquefois d'une tribu. Comme symbole de paix et de justice, il figure dans toute les cérémonies religieuses et politiques dont il fait le principal ornement. — Aussitôt qu'une guerre sans miséricorde menace de dépeupler un territoire, des hommes de paix se présentent aux deux parties, portant à la main un rameau de cet arbre ; et, à la faveur de sa magique et puissante influence, ils parviennent à calmer toutes les irritations, à désarmer les plus furieux et à obtenir une réconciliation sincère et durable. — Ainsi, dit Virgile, se présentèrent les habitants du Latium devant Enée, pour obtenir de semblables bienfaits.

Les sorciers et les devins lui rendent le même culte et ont toujours soin de conserver dans leurs maisons quelque partie de cet arbre, et souvent en plantent un pied vivant devant leurs cabanes.

Quand quelque famille désolée vient les consulter à propos de la mort d'un de ses membres, semblables en cela aux antiques pythies, ils tournent autour de cet arbre, y montent avec des mouvements convulsifs et cherchent leurs inspirations dans les libations répétées d'un breuvage fait avec la décoction de l'écorce ; ils tombent alors dans une sorte de délire frénétique au milieu duquel ils prophétisent ou désignent à la famille l'auteur présumé du vol ou du crime dont elle a été victime.

« L'écorce du *Canelo* (*Cortex Winteri*) a joui pendant longtemps, dans toute l'Europe, d'une grande réputation au point de vue médical. Un chirurgien de l'expédition maritime de Drake, nommé Winter, fut le premier qui, en 1577, l'employa contre le scorbut qui décimait l'équipage du navire sur lequel il s'était embarqué ; et, de retour en Angleterre, il s'en servit avec succès dans toutes les maladies où les toniques et les stimulants étaient indiqués. — Par malheur, la difficulté de se procurer cette écorce et l'abondance de la véritable cannelle dont les vertus thérapeutiques sont plus énergiques, ont été probablement cause que son usage est tombé peu à peu dans l'oubli, car, de nos jours, il est pour ainsi dire abandonné bien qu'il soit vraiment digne d'attention si on se rend bien compte de ses excellentes propriétés.

« Les chimistes lui ont trouvé un acide volatil, du tannin, quelques sels et une résine aromatique qui s'échappe en globules du tronc entaillé entre le bois et l'écorce. — Dans certaines localités du Chili on s'en sert encore contre les maux d'estomac et contre la paralysie ; pour cette dernière maladie, on prépare des bains composés d'une décoction de feuilles et d'écorce. Il y a des cas où cette décoction soulage les douleurs des dents ; on prétend même qu'elle peut guérir le cancer (?) et qu'elle réagit salutairement sur les ulcères. — Une forte décoction a été aussi employée, avec succès, contre la gale, le scorbut et les dartres ; au moyen d'une fumigation on est arrivé à dessécher des pustules et des ulcères de nature maligne.

» Il serait à désirer que les médecins du pays essayassent de renouveler l'emploi d'une écorce aussi vantée en d'autres temps, et cela avec juste raison, puisqu'aujourd'hui les difficultés de son importation en Europe ont disparu, et il est probable que la thérapeutique moderne gagnerait, dans tous les cas, un médicament précieux et la droguerie une branche de commerce lucrative. — GAY. »

Les parties employées sont les feuilles et l'écorce.

Dans le commerce, l'écorce se présente sous la forme de fragments cannelés ou tubulaires, durs et compacts qui ont, de 4 à 15 centimètres de long et de 3 à 4 centimètres d'épaisseur. La partie extérieure est d'un rouge gris pâle, avec des petits trous inégalement distribués, et sillonnée par des rides grises transversales et d'abondantes gerçures longitudinales. — Le liège (suber) est assez apparent, d'un blanc sale ou jaunâtre. La partie intérieure est de couleur gris de fer, divisée par de gros filets saillants, longitudinaux. La cassure est granuleuse ; la section transversale, d'un rouge clair, montre à sa partie extérieure des points inégaux, d'un jaune brillant, disposés tangentiellement, et à sa partie intérieure de grands points de la même couleur mais de différentes grosseurs et disposés en rayons. La saveur est persistante, âcre, forte comme le piment ou la cannelle ordinaire ; l'odeur est légèrement aromatique.

L'examen microscopique pratiqué par le chimiste allemand Mauch, donne le résultat suivant :

La couche de liège (suber) est composée de plusieurs rangées de cellules d'un brun foncé. A cette écorce extérieure succède une seconde couche (liber) formée par les cellules parenchymateuses, qui apparaissent dans la coupe transversale suivant la direction de la tangente. Ces cellules renferment une masse gris-rouge mêlée avec des petits grains de fécule à peine perceptibles. On distingue seulement quelques cellules oléifères. — A la limite centrale de cette seconde écorce, on observe des groupes de cellules assez dures ; ces groupes sont très inégaux en grosseur. Les cellules dures ont un diamètre très étroit, et des canaux ou pores traversent la membrane stratifiée en tous les sens. Entre ces cellules se trouvent aussi quelques faisceaux de fibres ; celles-ci ne peuvent être bien distinguées que dans une coupe longitudinale. La partie tout à fait intérieure de l'écorce se compose d'un parenchyme fin avec des rayons médullaires obscurs qui contiennent de la fécule. Il ne se trouve pas de fibres dans cette couche

La structure générale de l'écorce du *Canelo*, ainsi que la présence régulière de ces groupes isolés mais abondants de cellules dures, sont tellement caractéristiques qu'il serait presque impossible de confondre cette écorce avec une autre. Il résulte de l'analyse sérieuse et attentive de l'écorce du *Canelo*, pratiquée il y a quelques années par ce chimiste distingué, qu'elle contient :

Résine molle âcre	5.3 o/o
Huile essentielle	0.42
Tannin (qui précipite en vert les sels de fer)	0.61
Phlobaphène	4.32
Substance protéique	6.02
Acides citrique, oxalique et fécule	Traces.

L'extrait éthéré est de couleur jaune clair, et d'une saveur très âcre. L'extrait alcoolique est de couleur rouge foncé, et d'une saveur moins âcre, un peu astringente ; à l'évaporation, il donne un résidu noirâtre, d'une saveur fortement astringente, et pareil à l'extrait de *ratanhia*.

Analysée par Henri, l'écorce du *Canelo* a donné : huile volatile, résine, matière colorante, tannin, acétate et sulfate de potasse, oxalate de chaux et oxyde de fer. L'huile essentielle, plus légère que l'eau, se décompose en deux substances ; l'une, fluide, de couleur jaune verdâtre, l'autre de consistance graisseuse, possédant une saveur âcre et brûlante.

Le professeur Gubler dit que l'action physiologique du *Canelo* est en relation avec la présence du tannin qu'il contient, et surtout avec celle d'une essence aromatique très puissante. En effet les décoctions et autres préparations de cette écorce sont amères, âcres, d'une saveur persistante, stimulant les sécrétions de l'estomac et déterminant dans tout l'organisme une réaction spéciale. A fortes doses, elles peuvent déterminer des nausées, quelquefois des vomissements et de la diarrhée.

Dans tous les cas, il est bien certain que la décoction d'écorce du *Canelo* est employée avec succès par nos paysans dans les fluxions chroniques de la bouche, quand les gencives se trouvent dans un état scorbutique ; qu'elle stimule puissamment les surfaces pâles et atoniques des anciennes blessures ; et que souvent les ulcères invétérés en éprouvent une grande amélioration, quand ils ne cicatrisent pas complètement ; ils disent aussi que les blessures de mauvaise nature se détergent et se nettoient rapidement.

Les bains préparés avec les feuilles et l'écorce de cet arbre, sont recommandés comme aromatiques, dans les rhumatismes, les paralysies d'origine rhumatismale, et dans les cas d'affaiblissement général de l'organisme.

Douée à un haut degré de propriétés toniques et stimulantes, l'écorce du *Canelo* est appelée à jouer un grand rôle dans la thérapeutique moderne, rôle qui, nous l'espérons, prendra de jour en jour plus d'importance et ne restera pas confiné au cercle restreint où croît son arbre producteur. — « Il faut, dit Gay, que les médecins du pays fassent une étude spéciale de cet arbre, et qu'ils essaient de renouveler l'emploi et la renommée de toutes les préparations auxquelles il peut donner lieu, dans la même forme et dans les mêmes cas où l'employait le chirurgien anglais Winter, il y a tant d'années. »

BERBERIDÉES

MICHAY

Berberis Darwini

Hook. Icon., VII, t. 672. — Gay, I, 77.

Arbuste de deux à trois mètres de haut, de tronc cylindrique et glabre ; ses feuilles sont également glabres, grosses, coriacées sessiles ou avec des pétioles très courts, trifides à leur sommet, ovales, rondes, dentées en scies et épineuses ; petites épines ciliées divisées près de leur base en cinq ou huit parties linéaires, lancéolées ; les fleurs sont disposées en grappes plus ou moins longues ; les sépales sont ovales, obtus, un peu concaves ; les étamines portent des filaments plus longs que les anthères ; les fruits ont de cinq à six millimètres de long, parfois ronds, de couleur bleu foncé et couverts d'une fine poussière.

Cette espèce est très commune dans les parages découverts des provinces du Sud. — Avec celle-ci on doit remarquer la *B. chilensis* dont les fleurs sont jaunes, très nombreuses et qui, dans ses caractères, diffère peu de l'espèce précédente ; elle croît dans les collines andines des provinces centrales ainsi que la *B. buxifolia.*

On emploie en médecine les feuilles et les fruits sous la forme de décoction ou infusion à la dose de 4 à 5 grammes pour 100 d'eau. On les utilise comme rafraîchissants et acides dans les inflammations fébriles, et dans tous les cas où les tempérants sont indiqués. Il semble que les fruits contiennent un peu d'acide malique. La racine et l'écorce sont amères et on leur accorde les propriétés de toniques et apéritives qui caractérisent tous les amers ; elles s'emploient souvent dans le pays pour teindre la laine en jaune pâle.

ZARCILLA

Berberis empetrifolia Lam.

Lam. Ill. — D, C. Prodr., I. — Gay, Bot. 1, page 93.

Petit arbuste rampant, sarmenteux, glabre ; ses tiges sont cylindriques, un peu tortueuses ; les feuilles sont fasciculées, linéaires, coriacées, accompagnées d'épines subamplexicaules, divisées, plus courtes que les feuilles ; les fleurs sont jaunes, au nombre d'une ou deux, portées sur de courts pédoncules axillaires ; les fruits petits, noirâtres.

Cette plante se trouve dans les parties hautes de la Cordillère, depuis le 30° environ ; de ce point, elle s'étend jusqu'au détroit de Magellan et à la Terre de Feu, où elle croît même sur les bords de la mer formant souvent des buissons de plusieurs mètres de surface, mais d'une hauteur de 3 à 4 décimètres seulement.

Les racines sont minces, cylindriques, cendrées en dehors, jaunes intérieurement. — Elles s'emploient efficacement dans plusieurs localités comme remède contre les gastralgies, indigestions, diarrhées, etc. Aucun médecin, jusqu'ici, n'a fait, que je sache, un examen de cette plante si intéressante.

PAPAVERACEES

CHARDON SAINT ou CHARDON BLANC

Argemone mexicana.

Lin. Sp. 727. — Gay, I, 99. — D. C. Prodr., I, 20. — Mill. Gard. Dict. tab. 50. — A. Ochrolenca, Sweet. — grandiflora, Sweet. — vulgaris, Spach.

Plante annuelle couverte presque en totalité de petites épines ; toutes ses parties contiennent un suc jaunâtre, amer et âcre ; les feuilles sont penninervées, glabres, de couleur vert clair tachées de blanc, sinueuses, pennifides ; les lobules, ou les dents, terminés par une pointe épineuse ; les fleurs sont blanches ou jaunâtres, composées d'un calice à trois sépales caduques ; les pétales sont au nombre de six, disposés sur deux rangs, élargis vers la partie supérieure et légèrement onguiculés ; le fruit est une capsule uniloculaire, déhiscente à son sommet et avec des soupapes.

On a décrit comme espèces différentes quelques plantes qui, en réalité, ne sont que des variétés de celle que nous venons de mentionner.

Cette plante est très commune dans la plus grande partie du territoire chilien, dans l'Inde, l'Afrique, les Antilles, etc., et se propage avec une grande facilité.

Il paraît qu'à Java on se sert du jus de cette papaveracée dans les maladies invétérées, contre les verrues, les chancres, etc. — De ses graines on extrait une huile qui peut être employée dans l'industrie et quelquefois en médecine, soit seule ou mélangée à l'huile d'amandes douces ; cette dernière manière est préférable. — Il est aussi recommandé pour l'usage externe dans les cas d'érithèmes, d'érysipèles, et d'inflammation cutanées provenant d'insolation.

Les agriculteurs du pays emploient le jus de cette plante, mêlée avec une certaine quantité d'eau, dans le traitement de la fièvre des bestiaux. Mais les graines sont les parties de la plante qui paraissent posséder les propriétés les plus actives; à la dose de 2 à 3 grammes, elles produisent des effets éméto-cathartiques rapides et sûrs. Les paysans en usent fréquemment dans leurs maladies. Les effets si remarquables de ces graines, comme évacuants, font rejeter la notion donnée par de Candolle, qui dit que les Américains emploient les fleurs comme soporifères ; je n'ai jamais entendu dire qu'ils les utilisaient de cette façon.

Il ne faut pas confondre cette espèce de chardon avec le *Cnicus benedictus*, qui est le véritable chardon saint des pharmaciens, et qui non seulement diffère de la précédente, mais appartient à une autre famille; ni avec le *Lilybum benedictus* très commun au Chili et auquel on donne aussi le nom de chardon blanc.

FUMARIA

Fumaria media.

Lois. Not., page 101. — Gay, I, 104. — D. C. Prodr., I, 130.

Plante très glabre à tiges fragiles, unies, renfermant une substance qui n'est ni laiteuse ni colorée comme dans les Papaveracées; les feuilles sont très décomposées avec de grandes folioles, divisées en deux ou trois lobes, qui se subdivisent en deux ou trois autres, ovales linéaires ou terminés en pointe ; les fleurs sont disposées en épis lâches, largement pédonculées, elles sont violacées ou blanchâtres et avec une tache violet foncé au sommet des pétales ; les sépales sont petits, oblongs, dentés sur les bords et plus courts que les pétales ; les fruits sont des capsules globuleuses terminées en pointe.

Nous plaçons cette plante dans la famille des Papaveracées, parce que nous croyons que les Fumariacées n'en sont qu'une simple subdivision ; et nous la comptons aussi parmi les espèces chiliennes, bien que presque tous les botanistes la considèrent comme étant d'origine européenne. En effet, il est difficile de croire qu'il n'en soit pas ainsi, vu son abondance et l'extrême profusion avec laquelle on la trouve répandue dans les champs, les jardins, les murs, etc., enfin, dans tout endroit où la végétation est possible. Elle fleurit dans les mois d'août et de septembre.

L'usage si fréquent que j'ai fait de la *Fumaria*, tant dans les hôpitaux que dans ma pratique civile, me donne le droit de la considérer comme un des toniques dépuratifs qui sont appelés à se populariser (comme en effet il l'est déjà) et à être comme une nécessité pour les familles. Je ne l'ai jamais employée sans en obtenir de bons résultats, dans les convalescences des fièvres malignes, dans la plupart des affections chroniques de la peau, principalement chez les enfants, dans le scorbut, dans le rhumatisme chronique, et dans ces états demi-pléthoriques ou de plénitude générale des vaisseaux sanguins, si communs au printemps, quand la chaleur d'une saison plus tempérée succédant au froid de l'hiver vient à dilater les liquides et accélérer la circulation sanguine. Les personnes d'une santé délicate en font usage avec profit pour ce qu'on appelle vulgairement « corriger le sang. »

L'infusion de *Fumaria* est surtout recommandée dans les obstructions hépatiques ; associée à la quinine dans la convalescence des pneumonies et des fièvres ; et avec le nitre dans les pleurésies, quand le mouvement fébrile commence à diminuer.

Une tisane préparée avec la racine de salsepareille et la *Fumaria*, est bienfaisante dans les maladies cutanées d'origine siphylitique ainsi que dans le rhumatisme.

Dans les affections eczémateuses et herpétiques des enfants, le sirop de *Fumaria*, additionné de fleur de soufre, fait promptement disparaître les éruptions et assure une guérison radicale.

CRUCIFERES

BERRO

Cardamine masturtioides.

Bert. Mer. Chil., page 600. — Flora, 1856, 410. — Gay, I, 113.

Petite plante mince herbacée portant des feuilles imparipennées et souvent linéaires dans quelques exemplaires adultes ; les fleurs sont blanches, pédicellées, glabres, et forment un épi terminal lâche; le calice est formé de quatre sépales égaux moitié plus petits que les pétales ; les étamines sont au nombre de six, fertiles ; le stigmate est sessile, et la silique très étroite et glabre.

Le cresson chilien croît en abondance dans les marais, les rivières, les ruisseaux et les canaux d'irrigation ; il diffère très peu du cresson européen avec lequel on le confond souvent ; il a la même composition et les mêmes usages.

Comme on le sait, cette plante contient, selon Chatin, une huile essentielle sulfo-azotée, analogue à celle des autres Crucifères, un extrait amer, de l'iode, du fer et des phosphates.

Le cresson est d'une saveur piquante, un peu amère, et cause dans l'estomac une sensation d'ardeur plus ou moins notable suivant la quantité ingérée ; il est d'une digestion lente et laborieuse et occasionne des éructations d'une odeur sulfureuse. Ses principes actifs sont éliminés par l'urine, la peau et l'haleine, bien qu'il n'arrive pas à produire dans celle-ci des effets aussi marqués que l'ail.

Les rameaux filamenteux de la tige sont d'une digestion plus difficile que les feuilles.

Le cresson jouit d'une renommée universelle comme stimulant antiscorbutique et dépuratif. Au Chili, comme en Europe, on le mange en salade et on le recommande dans les maladies du foie, des poumons et de la peau. Il forme partie intégrante du sirop de radis noir composé qu'on a tant préconisé dans le scorbut et le lymphatisme, ainsi que du sirop de radis ioduré de notre pharmacopée.

MASTUERZO

Capsella bursa pastoris.

Mönch. Meth., 271. — Gay, I, 173. — D. C. Prodr., I, 177. — Thlaspi bursa pastoris, Lin.

La tige de cette plante est simple ou rameuse, droite, d'un pied ou plus de hauteur; les fleurs sont blanches et forment des épis ou grappes terminales soutenues par un pédicelle encore plus long; la silicule est triangulaire, ouverte à son sommet, un peu comprimée et glabre.

Le *Mastuerzo* est aussi appelé *Bolsita* par les indigènes. Cette plante est très répandue non seulement dans la presque totalité du territoire chilien, mais encore dans toutes les parties du monde. Il est probable qu'elle est exotique, mais la profusion avec laquelle elle se multiplie dans le pays, nous permet de la considérer comme nous étant propre.

D'après Mérat, le *Mastuerzo* serait astringent; son suc est recommandé dans les hémorrhagies et les hématuries; il est aussi réputé comme antiscorbutique, fébrifuge, diurétique, et comme tel on l'emploie dans les hydropisies, le scorbut, l'asthme humide, etc. Il paraît que la plante sèche est sans effet, c'est pourquoi il convient de s'en servir à l'état frais.

Outre les affections énumérées plus haut, le *Mastuerzo* est utilisé parmi nous dans la diarrhée et la dysenterie sous la forme d'infusion. Les gens de la campagne, qui quelquefois en font usage, le réduisent en poudre et s'en servent comme vulnéraire et cicatrisant.

MOSTAZA NEGRA

Brassica nigra.

Koch. Deutsch. flora, IV, 713. — Gay, I, 140. — D. C. Prodr., I, 218. — Sinapis nigra, Lin., sp. 933.

Dans son intéressant catalogue des plantes vasculaires chiliennes, M. Federico Philippi mentionne celle-ci comme étant originaire du pays; en effet, elle croît partout spontanément et si abondamment qu'on peut à bon droit la considérer comme faisant partie de la flore chilienne. C'est pour ce motif que nous la faisons figurer dans ce travail.

Cette plante peut se passer de description, car elle est connue de tous les botanistes et est en médecine d'un usage journalier. Nous croyons également inutile d'énumérer ses effets thérapeutiques et physiologiques, soit qu'on l'administre à l'intérieur (ce qui est le moins usité), soit qu'on l'applique comme un des meilleurs et des plus rapides rubéfiants.

Quant à sa composition chimique, après les sérieux travaux de MM. Pelouze, Bussy, Frémy, Thibierge et autres, il est peut-être superflu de dire qu'elle contient du myronate de potasse, de la myrosine, une huile fixe, du sucre, de la matière colorante, de la sinapisine, un acide libre, une matière verte particulière et des sels.

VIOLARIÉES

PILLUNDEN

Viola maculata.

Cav. Ic, VI, 530. — Gay, I, 216. — D. C. Prodr., I, 297. — Pyrofolia *a*, Poir — lutea fol. non auritis, Feuill. — glandulosa, Domb. — tetrapetala, Mol.

Plante à tiges lisses, mincès, extrêmement courtes; les feuilles sont ovoïdes ou rondes, festonnées, duvetées quand elles sont nouvelles; les fleurs sont assez grandes, d'un beau jaune avec quelques lignes rougeâtres et soutenues par des pédoncules d'une longueur double de celle des feuilles; le calice est irrégulier avec ses sépales linéaires ou lancéolés; les pétales sont ovoïdes, obtus, avec leur partie antérieure plus volumineuse; la capsule est lisse et les graines sont ovoïdes, obtuses, tachetées de diverses couleurs et au nombre de 8 ou 10 pour chaque division.

Cette espèce est commune depuis le 34e degré jusqu'à Magellan, dans la première zone des grands bois du Sud, et en général dans toutes les localités où la végétation est assez rare.

Elle possède les mêmes propriétés pectorales, diaphorétiques et émollientes que tous ses congénères. Le Dr Julliet, qui a beaucoup étudié la flore médicale du sud du Chili, dit qu'on l'emploie avec succès dans les digestions difficiles.

MAITENCILLO

Jonidium parviflorum.

Vent. Mal. 27. — Gay, I, 228. — Solea parviflora, Spr. — Maytencillo, Feuill. Viola parviflora, Lin. f.

Sous-arbuste petit, à racines blanchâtres, noueuses, de une à deux lignes de diamètre; la tige est ligneuse, ramifiée, assez grosse, revêtue de feuilles alternes, oblongues, dentées en scie, et portant à la base trois stipules droites, terminées en pointe et glabres; les fleurs sont blanchâtres ou légèrement rosées, soutenues par des pédoncules axillaires très minces; le calice se compose de cinq divisions, et les pétales, irréguliers, oblongs-bilobés, sont au nombre de cinq.

Cette plante croît dans les provinces de Concepcion, Nuble et Arauco.

Sa racine ressemble à celle de l'ipécacuanha blanc (J. ipecacuanha Vent.), et il paraît qu'elle jouit des mêmes vertus médicinales. Les gens de la campagne l'emploient comme émétique et comme purgative; elle posséderait ces deux propriétés.

On l'administre sous forme de poudre ou d'infusion de la racine.

On dit que les bains préparés avec la décoction de ses feuilles, mélangée avec les autres aromatiques usités en pareil cas, calment les névralgies et particulièrement celles d'origine rhumastismale.

POLYGALÉES

PACUL

Krameria cistoidea.

Hook. Bot. Beech. 8 tab. 5. — Gay, I, 243.

Arbuste de couleur cendrée, un peu velu dans sa partie supérieure; la racine est ligneuse, rouge foncé; ses feuilles sont alternes, très entières, droites, duvetées des deux côtés, ovales-oblongues, terminées en pointe; fleurs en grappes épaisses, très courtes, de couleur rose jaunâtre, soutenues par des pédicelles velus pourvus à la partie supérieure de deux bractées veloutées, opposées, linéolancéolées et pointues ; le calice se compose de cinq sépales ouverts, veloutés en dehors, pourprés à l'intérieur ; corolle à cinq pétales très petits disposés en deux séries. Les deux extérieurs sont onguiculés, tronqués et charnus ; les trois supérieurs plus longs, spatulés, pointus et membraneux ; les étamines sont au nombre de quatre, celles des côtés plus longues que les supérieures ; la capsule est globuleuse, lisse à l'intérieur, soyeuse à l'extérieur, et hérissée de petites épines blanchâtres dirigées en bas.

Cette plante croît dans les montagnes des provinces d'Atacama, de Coquimbo et d'Aconcagua, depuis 1,000 jusqu'à 4,000 pieds de hauteur.

La partie dont on fait usage est l'écorce de la racine.

Il résulte de l'analyse pratiquée par M. Salinas en 1863, que cette écorce, analogue à celle de la *Rathania*, contient une forte dose de tannin, dont la dissolution donne un précipité noir-bleuâtre par les sels ferriques. La proportion dans laquelle il a trouvé ce principe est de 50 grammes pour 150 d'écorce en poudre.

Trois ans avant la publication du travail de M. Salinas, nous disions que les racines de *Pacul* possédaient de grandes propriétés astringentes et qu'on pourrait très bien substituer son usage à celui de la *Krameria triandra.* — Aujourd'hui notre affirmation ne peut être mise en doute et nous sommes étonnés de ce que nos pharmaciens n'aient pas tiré de cette plante tout le parti qu'ils auraient dû.

Les caractères tant physiques que chimiques de la racine de *Pacul* et ceux de la racine de *Rathania* sont similaires, de sorte qu'on doit préférer l'extrait pour l'usage médical. — En conséquence, le *Pacul* doit être employé comme un puissant astringent dans les diarrhées et dysenteries chroniques, dans les sueurs des phtisiques, les hémorrhagies tant actives que passives ; en injections contre la leucorrhée, les métrorrhagies, les fissures de l'anus ; dans ce dernier cas, il a été justement préconisé par l'illustre clinicien Trousseau.

Le *Pacul* étant aussi riche en tannin que la *Rathania*, les doses de ses poudres, extraits et infusions, doivent être égales aux doses de celle-ci.

QUELÉN-QUELÉN

Monnina linearifolia (1).

R. et Pav. Syst., 173. — Gay. I, 240. — D. C. Prodr., I, 340. — Bot. Beech. tabl. VI

Plante à tiges ligneuses dans sa partie inférieure et herbacées dans la partie supérieure; les feuilles sont très entières, glabres, linéaires-lancéolées; les branches, très minces dans la partie supérieure, et un peu velues, portent de longues grappes plus ou moins touffues de fleurs bleuâtres ou jaunes soutenues par des pédoncules courts portant à leur base deux ou trois petites bractées.

Cette plante est très commune dans les montagnes des provinces centrales, c'est-à-dire, entre Concepcion et Coquimbo.

Sa racine est considérée comme très médicinale; on l'emploie en infusion. Elle se vend fréquemment dans les rues, les *yerbateros* (herboristes du pays) crient : *Quelén-Quelén para el estomago!* (pour l'estomac!). Bien que les indigènes en fassent usage depuis fort longtemps, un fameux médecin-herboriste, qui vivait il y a plus de 50 ans dans la vallée de Choapa, en rendit l'usage encore plus populaire, à tel point que le gouvernement nomma M. Bustillos, pharmacien, pour aller s'informer auprès de cet homme des vertus médicinales des plantes chiliennes.

On emploie généralement le *Quelén-Quelén* dans les dispepsies, les digestions difficiles, les affections chroniques des poumons et les abcès du foie ouverts dans les bronches.

Ruiz et Pavon disent qu'au Pérou on fait usage de cette *Monnina*, ainsi que des autres espèces du même genre, dans les dysenteries et comme succédanées de la *Polygala seneza* Lin.

(1) Il paraît que la *Monnina angustifolia,* D. C, des mêmes parages, semblable à celle-ci et portant le même nom vulgaire, est employée de la même manière par les gens du pays qui n'y font aucune différence.

Nous devons mentionner ici deux plantes de la même famille, connues aussi au Chili sous les noms de *Quelén-Quelén* et de *Clin-Clin*, et auxquelles on attribue les mêmes propriétés qu'à l'espèce décrite ci-dessus, ce sont la

Polygala gnidioides W.
et la *Polygala thesoides* W.

Ces deux espèces croissent aussi dans les montagnes des provinces centrales.

Molina leur attribue des effets purgatifs ; Feuillée dit qu'elles sont diurétiques, et employées dans les pleurésies sous la forme d'infusion ou en les faisant macérer pendant une nuit pour en boire ensuite le matin.

Le nom vulgaire de cette plante lui vient du mot araucan *Quelulahuen*, qui, d'après Gay, veut dire littéralement : « Remède contre les coups. »

FRANKÉNIACÉES

YERBA DEL SALITRE (Herbe du salpêtre)

Frankenia Berteroana.

Gay, I, 247. — Ocymum salinum, Mol.

Plante droite, sous-ligneuse à la base, couverte quelquefois de petites écailles blanchâtres; les tiges sont cylindriques, légèrement striées vers la partie supérieure, lisses et rougeâtres dans la partie inférieure ; les feuilles sont ovales, allongées, obtuses, un peu coriacées, glabres, d'un vert clair, sessiles ; les fleurs sont petites et réunies en une sorte de panicule; le calice est tubuleux, légèrement denté ; les pétales sont étroits, allongés, linéaires-lancéolés; le stigmate est divisé en trois lobes filiformes, cylindriques.

Contrairement aux diverses espèces de son genre qui croissent dans les sables au bord de la mer, l'herbe appelée *del Salitre* (du salpêtre) se trouve dans les plaines des provinces centrales.

Molina dit que dans la province de Santiago on trouve une espèce de basilic (*albahaca*) commune, qui naît au printemps et dure jusqu'au commencement de l'hiver; tous les matins, on trouve la plante couverte de petits globules salins, consistants, et qui brillent comme des gouttes de rosée. Les paysans, secouant les feuilles, recueillent cette sorte de manne et s'en servent comme de sel commun, auquel, en réalité, il est supérieur comme saveur. Chaque plante donne tous les jours, en moyenne, une demi-once de sel. — Le phénomène que présente cette plante est surtout singulier en ce que les terrains, où elle croît généralement, sont les plus fertiles du pays, et se trouvent situés à plus de soixante-dix milles de la côte.

Cette plante a été étudiée postérieurement par M. le docteur R. A. Phlilippi (1). — Les échantillons que son fils, M. F. Philippi, lui a présentés en deux occasions, lui ont permis de la classer sous son véritable nom et d'analyser le produit salin qui avait appelé l'attention du naturaliste Molina.

« Les exemplaires apportés par mon fils, dit le docteur Philippi, étaient couverts de petits globules qui formaient comme une croûte saline et brillante parfois comme des gouttes de rosée; ils étaient souvent couverts de poussière, sans doute parce qu'ils avaient été recueillis au bord du chemin. En secouant les plantes, plusieurs feuilles tombèrent avec le sel, ce qui m'empêcha d'obtenir celui-ci aussi pur que si ces plantes avaient été recueillies à une certaine distance du chemin et quelques mois avant; mais au goût, il me fut facile de reconnaître ce sel comme un chlorure de sodium ou sel commun dans un état de pureté relative. L'analyse que j'ai pratiquée ensuite me fit voir qu'en effet il contenait beaucoup de chlore et une petite quantité d'acide sulfurique, tous deux, sans doute, avec la soude. Je n'y ai pas trouvé de traces de chaux. »

(1) *Anales de la Universidad de Chile* (1861), t. I, p. 724. — Voir aussi l'*Histoire* de Rosalès.

Par ce qui précède on voit que la plante a été improprement appelée « Herbe du salpêtre », puisqu'elle ne contient pas de *nitre*, mais bien du chlorure de sodium.

PORTULACÉES

RENILLA ou PATA DE GUANACO

Calendrinia discolor Schrad.

Lin., VIII, 22. — Gay, II, 496.

Plante assez grande, vivace ; sa tige est simple, quelquefois de 50 centimètres de hauteur, glabre et terminée par des fleurs pourpres, volumineuses, disposées en corymbe un peu serré ; presque toutes les feuilles sont radicales, ovales, oblongues, vertes en dessus, rougeâtres en dessous et très charnues : les graines sont abondantes, noires, parsemées de petits poils rudes et épineux.

Elle croît dans les rochers des montagnes des provinces du Nord et du Centre, et se distingue facilement par ses feuilles de deux couleurs.

Ainsi que sa congénère la *C. longiscapa* Barn, elle est connue dans le pays sous les noms de *Renilla*, *pata de guanaco*, *yerba del corrimiento* ; toutes les deux ont les mêmes usages médicaux.

Les habitants du pays en utilisent les feuilles, les faisant macérer dans de l'eau-de-vie, comme un médicament excitant, efficace dans les rhumatismes, les névralgies, et, en général, dans toute espèce de douleur d'origine rhumatismale, à laquelle ils donnent le nom de « *Corrimiento.* » Ils l'emploient en bains et en frictions et lui attribuent aussi des vertus vulnéraires.

MALVACÉES

PILA-PILA

Malva (Mauve).

Modiola caroliniana, Moench. — Gay, I, 306. — Malva caroliniana, Lin. sp., 969.

Plante à tige rampante, quelquefois élevée, grosse, rameuse, de 60 à 80 centimètres de longueur; chaque feuille inférieure porte à la base de son pétiole des racines nouvelles; les feuilles sont cordiformes, arrondies ou oblongues, festonnées, glabres, nervées en dessous; les fleurs sont rougeâtres, solitaires et axillaires; le calice est très cilié et divisé presque jusqu'à la base en cinq sépales terminés en pointe, avec les trois folioles de l'involucre d'un vert plus pur et de la même forme; les pétales sont ovales, entiers, et les pistils au nombre de 20 à 24, soudés aux deux tiers de leur longueur et terminés par un stigmate en capitule.

Elle croît dans les endroits humides, depuis Chiloé jusqu'à Coquimbo. On fait usage des feuilles et des rameaux encore tendres qui contiennent, mais en petite quantité, un suc mucilagineux.

La *Pila-Pila* est recommandée comme adoucissante, soit en tisane, soit en lavement. La tisane se prépare en exprimant le jus de la plante dans de l'eau froide, on y ajoute ensuite du jus de citron et du blanc d'œuf. Cette préparation, filtrée et édulcorée légèrement, se boit en quantité.

Dans une conférence médicale que j'ai faite en 1871 sur les vertus thérapeutiques des plantes chiliennes, un de mes collègues présents parla d'un cas d'anasarque qu'il traitait avec un médicament que le hasard lui avait procuré. L'année antérieure ce même malade n'avait pu être guéri par aucun des moyens indiqués jusqu'alors; il désespérait de sauver le patient quand on lui conseilla l'emploi de la *Pila-Pila* qui le rétablit. La maladie reparut l'hiver suivant et guérit par le même remède.

Les *Malva parviflora* et *nicacensis*, appelées vulgairement *Malvas* (Mauves), sont employées en infusion ou décoction comme émollientes, soit par la voie stomacale ou ano-vaginale; ces deux plantes sont très riches en mucilage.

HUELLA

Abutilon vitifolium.

Cav. Ic., tab. 420 — Gay, I, 332. — D. C. Prodr. I, 471.

C'est un arbuste élégant qui croît dans les provinces du Sud, principalement dans les terrains boisés qui ont été incendiés; les feuilles sont très grandes, cordiformes, très pointues, inégalement dentées, avec trois et souvent cinq lobes, dont les inférieurs sont obtus et les supérieurs ronds, avec le dessus d'un vert un peu foncé et presque glabre, le dessous blanchâtre avec les nervures proéminentes; les pétioles sont gros, très veloutés et plus courts que le limbe; les stipules petites, sub-triangulaires; les fleurs sont grandes, d'un bleu pâle, soit solitaires sur un pédoncule, soit réunies sur des pédicelles simples ou bifurqués formant une ombelle plus ou moins régulière; le calice est divisé en cinq dents sub-triangulaires; les pétales sont ovoïdes et les capsules assez grandes, avec les carpelles déhiscents, chaque carpelle renferme de 4 à 6 graines noirâtres, lisses et ovales.

Il existe une variété à feuilles trilobées, très festonnées et avec des fleurs plus petites.

Les feuilles sont mucilagineuses, émollientes, et s'emploient à l'extérieur comme telles. Les habitants de la campagne les utilisent à l'intérieur pour provoquer les contractions utérines dans les accouchements laborieux et les rétentions placentaires. Dans ces cas, on prépare une infusion ou décoction (50 à 60 grammes pour 400 d'eau) que l'on boit en plusieurs fois à quelques moments d'intervalle.

La décoction des feuilles dans la proportion de 60 à 120 grammes pour 500 d'eau est aussi recommandée. L'infusion paraît être adoucissante.

Les fibres du liber de cette plante s'emploient dans la province de Chiloé pour confectionner des filets de pêche; quelquefois, pour les rendre plus durables, on les tanne avec de l'écorce de *lingue*.

TILIACEES

MAQUI

Aristotelia maqui.

L'Hérit. Stirp., pag. 31, tab. 16. — Gay, I, 336. — D. C. II, 56. — A. glandulosa, R. et Pav. — Cornus chilensis, Mol., *var.* andina, Ph. Lin., XXX, 31.

Le genre *Aristotelia* possède la particularité botanique de ne pouvoir s'adapter à aucune famille déterminée. Gay et d'autres botanistes le placent dans la famille des Tiliacées, tandis que pour quelques-uns, il constituerait une transition entre les Ternstrœmiacées et les Eléocarpées.

Le *Maqui* ou *Queldón* est un des arbres les plus élégants de notre flore; de 3 à 5 mètres de haut, toujours vert, glabre, un peu velu cependant sur les nouvelles pousses; l'écorce lisse et fréquemment d'un violet-brun; les feuilles sont opposées, ovales, lancéolées, un peu pointues et dentées, d'un vert brillant en dessus, nervées et anastomosées en dessous; les pétioles sont légèrement cannelés, striés et velus; les stipules très velues et caduques; les fleurs d'un jaune pâle, axillaires, avec les pédicelles velus ; le calice est divisé, et ses divisions, au nombre de cinq à six, sont très profondes et presqu'entièrement libres ; la corolle se compose de cinq à six pétales ; les étamines, deux ou trois fois plus nombreuses que les pétales, avec des anthères moitié plus courtes qu'eux ; le pistil est formé par la réunion de trois styles soudés à la base et très courts ; le fruit est rond, lisse, d'un violet noir, très rarement blanc à la maturité.

Cet arbre croît près des sources et dans les bois humides et sombres depuis Illapel jusqu'à Chiloé. Il est très répandu.

« Le jus de ses feuilles est un précieux spécifique pour les maladies de la gorge, comme j'ai eu l'occasion de l'expérimenter sur moi-même.

« Le fruit est un peu plus gros qu'un grain de poivre, le plus souvent noir, quelquefois blanc ; il est sucré et teint fortement la bouche et les lèvres ; le jus exprimé dans un peu d'eau chaude fait une bonne encre. Le vin qu'on en fabrique possède des propriétés astringentes, il est d'une saveur sucrée, doux à boire et tonique. Son bois étant très liant et très flexible, on en fabrique des gaînes d'épées, des anses de panier, etc. L'écorce est mince et on en tire de longues fibres dont la consistance est telle qu'au commencement les Indiens s'en servaient pour tisser des vêtements, la laine des moutons leur étant inconnue ; ils s'en servent encore aujourd'hui pour fabriquer des cordes très solides ; pour cela ils écrasent préalablement les tiges qu'ils font ensuite macérer quelques jours dans l'eau, ainsi qu'on le pratique pour le chanvre. — ROSALES. »

« Les fruits du *maqui* sont très recherchés ; on en fait des confitures, des glaces, et, mélangés avec le raisin, un vin exquis. Les Indiens préparent aussi leur boisson, une espèce de vin (*chicha*) qu'ils apprécient infiniment et qu'ils appellent *técu*. — GAY. » »

Ainsi qu'on le voit, les parties utiles du *maqui* sont les feuilles et les fruits. Les premières jouissent d'une grande renommée comme vulnéraires et rafraîchissantes. En infusion (30 à 60 grammes pour 500 d'eau) on l'emploie en gargarismes et collutoires ; en cataplasmes on les utilise dans les fièvres et les tumeurs ; sa poudre sert à préparer un onguent

Le fruit, la partie la plus importante du *maqui*, est astringent, légèrement acide et rafraîchissant. On l'administre sous forme de tisane dans les fièvres, quand le ventre est dérangé ; dans les diarrhées et dysenteries. Je m'en sers assez fréquemment dans ce dernier cas; mais, comme le grain renferme beaucoup de tannin, chaque fois que je veux obtenir un effet plus astringent, je fais préparer une tisane de la manière suivante : On prend une certaine quantité de fruits de *maqui* desséchés, on les écrase pour en concasser les graines, on les fait infuser une demi-heure environ, on filtre et on y ajoute ensuite un peu de sirop de grenade. C'est une boisson très agréable, très goûtée des malades et d'une incontestable utilité.

On pourrait aussi en préparer un sirop qui figurerait avec avantage à côté des sirops de groseilles et de framboises, mais plus astringent que ceux-ci.

CHAQUIHUE

Crinodendron Hookerianum.

Gay, 1, 341. — Bot. Misc. III, tab. 100. — Contrib. to Bot., II, tab. 83 A. — C. patagua, Hook et Ara.

Arbuste de 2 à 3 mètres de haut ; le tronc est assez gros, de couleur cendrée; les feuilles sont alternes, ovales lancéolées, demi-coriacées, glabres, très dentées ; notables par les nervures anastomosées de leur face inférieure dont la médiane est très saillante et un peu velue, surtout dans les jeunes feuilles, ce qui lui donne une apparence tomenteuse ; les fleurs sont de couleur vermeille, le calice campanulé, caduque, velu, avec cinq divisions inégales et cinq nervures sur la face inférieure ; les pétales, au nombre de cinq, sont tubuleux et trois fois plus longs que le calice ; les étamines, au nombre de quinze, presque aussi longues que les sépales.

Cet arbuste croît dans les localités basses et humides des provinces du Sud, y compris Chiloé jusqu'à Tres-Montes. Son aspect est très élégant et il mérite une place dans les jardins.

Les habitants du pays le connaissent aussi sous le nom de *volisson* et s'en servent comme emménagogue et abortif. Quelques-uns attribuent à l'écorce et aux feuilles des propriétés émétiques.

M. Gay a dédié cette plante au savant botaniste Hooker, lequel lui avait donné le nom spécifique de *patagua*, facilitant ainsi la confusion avec cet arbre qui, quoique de la même famille, possède des propriétés différentes.

LINACÉES

RETAMILLA

Linum chamissonis.

Schrède Linn., I, 69. — L. aquilinum, Mol. ed. II, 118. — Gay, I, 462. — Linum Macraci, Benth. Bos. Reg. 1830, fol. 1326.

Plante à racines ligneuses avec un grand nombre de tiges sous-ligneuses qui naissent à leur base; les feuilles sont linéaires, lancéolées, pointues, bi-glanduleuses ou dépourvues de glandes à leur base; les fleurs sont grandes, jaunes, réunies en panicules assez lâches; les pétales sont quatre fois plus longs que les sépales.

« Cette plante est très commune dans les prairies naturelles des provinces méridionales et dans les endroits arides et secs des provinces centrales. Les habitants du Sud lui donnent le nom de *Nanco* ou *Nanco-Lahuen*, qui littéralement signifie — herbe de l'aigle. — Dans le Nord, on l'appelle *Retamilla*. Partout on en fait usage dans les indigestions et dans les dérangements du tube digestif provenant d'un excès de nourriture. Elle est aussi rafraîchissante et fébrifuge et on l'emploie avec plus ou moins de succès dans beaucoup d'autres maladies. — GAY. »

L'infusion de *Retamilla* est d'un goût amer, et je suis porté à croire, comme Molina, que ses qualités essentielles sont apéritives et stomachiques.

ZYGOPHYLLÉES

GUAYACAN

Porlieria hygrometrica.

R. et Pav. Flor. per., 55. — Gay, 1, 477. — D. C. Prodr., I, 707. — Guayacum officinale, Mol.

Arbuste de 3 à 4 mètres de haut, glabre, divisé en un grand nombre de branches et de rameaux courts, alternes, noueux et de couleur cendrée ; les feuilles sont opposées, presque sessiles, pennées, et possèdent la singulière faculté de se fermer et de s'appliquer contre les rameaux au coucher du soleil ; les fleurs sont axillaires, violacées, portées sur un pédoncule généralement velu ; le fruit est une capsule divisée en quatre loges profondes.

Le *Guayacan* ou *palo santo* croît depuis la province de Colchagua, sa limite sud, jusqu'à celle de Coquimbo. Il n'a pas besoin de beaucoup d'humidité pour se développer. Cet arbre fut dédié par MM. Ruiz et Pavon à M. Andrès Porlier, marquis de Bajamar et ministre des Indes.

Le bois du *Guayacan* chilien ressemble à celui du *Guayacum officinale* ; il est dur, pesant, d'un jaune clair et sillonné de nombreuses veines d'un vert foncé ; il contient une grande quantité de résine. La poudre est de couleur paille récemment préparée, mais sous l'action de la lumière, elle devient verdâtre.

M. Romero, qui a étudié cette plante aux points de vue pharmaceutique et chimique (1), en a extrait une résine brun foncé, amorphe, de consistance un peu molle due à l'huile essentielle qu'elle contient et à laquelle elle donne son arome spécial ; sa saveur, comme celle du *Guayacum officinale*, ne se manifeste pas immédiatement, mais un instant après, elle produit une sensation d'âcreté très persistante ; elle fond facilement ; placée sur des charbons ardents, elle laisse échapper une odeur douce et aromatique. En ce qui concerne ses caractères chimiques, on observe qu'elle se combine avec la potasse pour produire un savon très soluble dans l'eau ; la dissolution alcoolique donne, avec le jus frais de la pomme de terre, une belle couleur bleue entièrement semblable à celle de la résine du *Guayacum off.*, ce qui constitue un de ses caractères les plus distinctifs. La même couleur se manifeste dans une dissolution de gomme arabique ainsi qu'avec le sublimé corrosif. Avec le chlorure de chaux, la couleur est verte.

D'après ces réactions obtenues par M. Romero, et de l'abondance avec laquelle on peut se procurer cette résine, il résulte qu'il n'y a aucune différence avec celle du *Guayacum off.*, ce qui n'est pas étrange, puisque toutes les deux se retirent de végétaux appartenant à la même famille. L'adoption de l'une ou de l'autre peut être laissée à la volonté des pharmaciens qui la livrent, ou des médecins qui l'ordonnent.

La préparation de la nôtre aurait l'avantage de n'être ni falsifiée ni altérée, comme on le fait avec celle de *Guayacum* importée, qui contient quelquefois de la poix de Castille ou d'autres matières résineuses.

Les préparations pharmaceutiques recommandées pour l'usage médical sont : la décoction, la teinture alcoolique et la résine, qui peuvent se donner à la même dose que le *Guayacum* des Antilles.

L'identité de la composition de notre *Guayacan* avec celui de Saint-Domingue ou de la Jamaïque, nous évite la description de son action physiologique, car elle est la même.

(1) *Anales de la Sociedad de Farmacia de Santiago*, 1866, p. 80.

Quant à leur usage thérapeutique, il n'y a pas non plus de différence, car les indigènes le qualifient d'emménagogue, stimulant, diaphorétique et balsamique.

Il est très recommandé dans les affections herpétiques, dans les rhumatismes chroniques, affections de la poitrine, contre les effets de coups violents, contusions, et surtout dans les affections syphilitiques.

Tout le monde sait la grande renommée qu'a obtenue le *Guayacum* dans cette maladie, ayant été considéré, à une autre époque, comme un spécifique véritable, très particulièrement dans le XVIe siècle à l'occasion de la fameuse guérison du chevalier Ulrich de Hutten.

Je me rappelle avoir lu les louanges de ce bois dans un livre d'un ancien auteur espagnol, qui arrivait à le considérer comme provenant de la croix du bon larron. Eh bien, si le fait eût été certain, nous aurions eu, nous Chiliens, le droit de réclamer pour notre *Guayacan* un des bras de cette même croix !

L'industrie emploie le bois de *Guayacan*, qui est très dur, pour la fabrication de divers ustensiles, comme peignes, cuillères, couteaux, etc.

JARRILLA

Larrea nitida.

Cav. Ic., VI, 559. — Gay, I, 472. — D. C. Prodr., I, 705

Arbuste de deux mètres environ de haut, avec les branches et les rameaux ouverts, distiques, articulés, un peu velus dans la partie supérieure; les feuilles sont opposées, imparipennées, glabres, glutineuses, composées de 5 à 8 paires de folioles très rapprochées, linéaires, oblongues et obtuses; les fleurs sont jaunes, assises sur un pédoncule axillaire; le calice est velu, avec cinq divisions, et les pétales ovoïdes et plus longs que le calice, le fruit est rond, velu, avec cinq grandes divisions formant le même nombre de capsules ; chacune renferme une seule graine, longue, courbe et noire.

Il croît dans les Cordillères d'Aconcagua et de Coquimbo depuis 3,000 jusqu'à 6,000 pieds d'altitude sur le niveau de la mer.

La *Jarrilla* contient une grande quantité de résine, motif pour lequel elle flambe avec facilité et qui la fait employer pour alimenter les fours.

Elle est recommandée comme excitante, balsamique, vulnéraire, emménagogne ; dans les digestions difficiles et dans l'aménorrhée. — En bains généraux et partiels pour le rhumatisme; en décoction pour laver les blessures de mauvaise nature, et en cataplasme comme un puissant résolutif.

Je connais peu cette plante, et jusqu'à présent personne ne s'est occupé de son étude sous le point de vue médical; mais sa grande quantité de résine fait présumer qu'elle peut figurer avec un certain avantage dans notre matière médicale indigène.

GÉRANIACÉES

CORECORE

Geranium Berterianum.

Colla. Mem. di Tor. XXXVII, 45. — Gay, I, 383. — B. protimum, Sterd.

Plante assez volumineuse, très velue, avec la tige droite ou couchée ; sa racine est napiforme et grosse; les feuilles presque orbiculaires avec cinq lobes cunéiformes, chacun divisé en cinq parties, les dents linéaires et un peu obtuses ; les fleurs ont des dimensions variables et l'intensité de la couleur n'est pas constante ; les pétales sont externes et deux fois plus longs que le calice, celui-ci est très court.

Elle croît à l'entrée des bois, entre les mauvaises herbes des provinces centrales.

On emploie la racine en infusion et décoction; la teinture pourrait aussi être utilisée avec avantage. Elle contient une forte dose de tannin.

Cette plante a la saveur propre aux substances astringentes tanniques et elle est employée comme telle. La décoction de ses racines est en usage contre le scorbut et les aphtes avec un succès digne de fixer l'attention. C'est un puissant astringent qui rend des services dans les métrorrhagies (en injection) et dans tous les cas où on fait usage de la Rathania.

Sa renommée est ancienne : Rosalès dit que les racines du *Corecore*, bouillies dans du vin, sont excellentes contre les inflammations, qu'elles affermissent les gencives ramollies ; il ajoute encore que, réduites en poudre, elles pourraient être utilisées avantageusement comme collyre.

Il existe d'autres espèces du genre *Geranium* qui portent le nom de *Corecore* et qui sont employées comme le *Berterianum.*

ALFILERILLO

Erodium moschatum

W. sp., III, 639. — Gay, I, 389. — D. C. Prodr., I, 647. — Scandia chilensis, Mol.

Plante annuelle de trois décimètres de hauteur avec la tige droite et pubescente ; les feuilles sont pennées à lobes ovoïdes ; les pédoncules très longs, axillaires, multiflores et d'un vert pâle.

Cette herbe est très commune dans toutes les prairies et montagnes du territoire chilien et constitue un des fourrages les plus appréciés.

« Les *Erodium*, que Linnée réunit aux *Geranium* et desquels ils ne diffèrent que par l'avortement de cinq étamines, ne possédant que cinq pistils, se trouvent répandus sur toute la surface du globe et sont tellement abondants au Chili que, quoique appartenant aux espèces entièrement pareilles à celles d'Europe, il est difficile de croire qu'ils n'existaient pas ici avant la conquête. — GAY. »

L'*Alfilerillo* a une odeur de musc (propriété qui lui a valu le nom spécifique qu'il porte). C'est un bon diurétique et il pourrait être utilisé comme anti-spasmodique.

Le lait des vaches et des chèvres qui ont mangé de ce fourrage est odorant, agréable, et préféré par les gens de la campagne qui le croient plus sain et plus facile à digérer.

OXALIDÉES

Le genre *Oxalis*, généralement connu sous le nom de *Vinagrillo* (oseille) représente seul, au Chili, la famille des oxalidées. De nombreuses espèces sont répandues dans toute la République, depuis les bords sablonneux de la mer jusqu'à la cime des plus hautes Cordillères, et depuis la province d'Atacama jusqu'à la Terre de Feu. Ses feuilles, d'ordinaire trifoliées comme le trèfle, diffèrent en cela, et à première vue, des autres espèces du même genre, très abondantes au Brésil, dans la Colombie, Montevideo et le Cap de Bonne-Espérance.

Les groupes de feuilles simples ou pennées, ou avec trois folioles dont la supérieure a un long pétiole, n'existent pas ; parmi les espèces dont les folioles sont très nombreuses et placées en éventail on ne rencontre que l'*Ox. adenophylla*, découverte il y a longtemps par le docteur Gillies dans les Cordillères qui séparent les provinces de Santiago (Chili), et Mendoza (Rép. Argentine), et l'*Ox. enneaphylla* de Magellan.

M. F. Philippi énumère dans son catalogue près de quatre-vingt-dix espèces comme originaires du Chili.

Les plus usitées sont l'*Ox. arenaria*, l'*Ox. rosea* et autres espèces. Toutes reçoivent le nom de *Vinagrillo* (oseille) à cause de leur goût acide plus ou moins accentué; quelquefois on les nomme aussi *Culli*. Elles contiennent de l'acide oxalique à l'état de quadri-oxalate de potasse.

Les feuilles, broyées et préparées en forme de tourteaux, se vendent au marché et dans les pharmacies sous le nom de « pain de *vinagrillo* » (oseille). On les mange aussi en salade et on s'en sert pour l'assaisonnement de certains plats, mais leur usage est dangereux, vu la quantité d'acide oxalique qu'elles contiennent.

On les emploie en infusion ou tout au moins en macération, comme tempérantes et astringentes dans les fièvres, principalement dans celles d'un caractère malin, contre le scorbut et les hémoptysies. Elle est employée au printemps dans le but de calmer cet état appelé vulgairement « ardeur du sang. »

XANTOXYLÉES

CANELILLO ou **PITAO**

Pitavia punctata.

Moll. Sag. II, 287. — Gay, I, 485. — Galveria punctata, de R. et Pav. — Flor. per. 56

Arbre très touffu et toujours vert; il atteint une hauteur de 4 à 5 mètres, les feuilles sont oblongues-ovales, coriacées, légèrement dentées, glabres et semées de petits points transparents; les fleurs, de couleur blanche, dioïques, forment des panicules axillaires dans la partie supérieure des petits rameaux, les pétales sont velus à leur surface externe et au nombre de quatre. Il y a huit étamines irrégulières dans les fleurs mâles; dans les fleurs femelles

elles n'existent pas ou sont stériles, et les carpelles, presque entièrement unies, ne forment qu'un seul pistil. Le fruit est une baie.

C'est un arbre élégant; il croît au bord des rivières et dans les lieux bas et humides de la province de Concepcion, ses limites nord et sud sont de peu de degrés. Le nom de *Pitao* est d'origine araucanienne et signifie : « cor au pied », sans doute à cause de la ressemblance de son fruit avec cette hypertrophie cutanée.

Ses feuilles, très odorantes, selon Gay, ont d'excellentes propriétés résolutives et antihelminthiques.

OLACINÉES

GUILLIPATAGUA

Villaresia mucronata.

R. et Pav. Flor. pir., III, 9. — Gay, II, 13. — D. C., XVII, 298, Contr. t. Bot. II, tab. 67 A. — Citronella mucronata, Don. — Citrus chilensis, Mol. var. *lacta Miers.* Cont. to Bot., II, 116, tab. 67 B.

Arbre élevé, très touffu, d'un bel aspect, glabre et de couleur jaunâtre; les feuilles sont amoncelées, coriacées, ovales-oblongues, entières, luisantes par-dessus, un peu pâles et jaunâtres en dessous; les fleurs sont d'un blanc-jaunâtre, en forme de grappes terminales soutenues par de gros pédicelles; le calice a cinq divisions, les pétales plus grands que le calice; le fruit est une drupe ovale.

Il est aussi connu sous le nom de *Naranjillo*, et on lui a donné encore celui de *Yerba-mate* du Chili. Il croît entre les 33° et 37° degrés de latitude. Ses petites fleurs ont une odeur qui rappelle celle du lilas.

L'histoire de cette plante est très curieuse par l'importance qu'on a voulu lui donner à une autre époque. Il paraît qu'en 1811, un écrivain, Manuel Alfaro, qui inspectait un passage conduisant à la République Argentine, trouva ce bel arbre qui, par ses feuilles, a quelque ressemblance avec le *Ilex Paraguayensis*. Il en coupa quelques rameaux et les apporta à Santiago pour les soumettre à l'examen du *Protomedicato* (Conseil de la Faculté) (1).

M. Manuel-Antonio Talavera, citoyen paraguayen, appelé à donner son opinion, en qualité d'expert, sur les propriétés de cette *Yerba-mate* indigène, déclara que malgré la légère ressemblance qu'elle offrait, particulièrement dans son odeur quand on la grillait, elle n'avait pas, à son état naturel, l'odeur de la *Yerba* du Paraguay, et que d'un autre côté, ses caractères botaniques étaient très différents. Il reconnaissait dans cet arbre le *Guillipatagua*, duquel il fit la description suivante, la copiant d'une nomenclature qui, vers cette époque, avait été envoyée au roi d'Espagne sur les productions naturelles du Chili.

« La *Guillipatagua*, qui pousse à Quillota, Colchagua, Talca et Concepcion, est un arbre de huit *varas* (la *vara* mesure 84 centimètres) de hauteur sur trois quarts de *vara* de circonférence ; son écorce sert pour le tannage des cuirs ; la feuille grillée ressemble à l'herbe du Paraguay, dont on se sert pour préparer l'infusion appelée *mate*. C'est un excellent émétique, qui employé à forte dose, produit un effet purgatif ; quelquefois on l'emploie contre les maladies vénériennes ; son fruit, insipide, ne se mange pas. »

Malgré les rapports défavorables de l'expert Talavera et l'opinion du *Protomedicato*, qui ne reconnaissaient à cette herbe que quelques ressemblances avec celle du Paraguay, considérant celle-là plutôt comme un médicament que comme une substance alimentaire, elle fut mise en vogue à cause de la rareté, à cette époque, de la *Yerba-mate*, dont la consommation et l'usage étaient si grands que le quintal, qui se payait 12 piastres (la piastre chilienne vaut 5 francs), arriva au prix de 30 piastres.

Le gouvernement voulant alors encourager sa culture et son

(1) *Anales de la Universidad de Santiago* (1865), t. II, p. 263.

usage, dicta, par ordre du Congrès de 1811, auquel avait été soumis le dossier concernant la découverte de cette herbe indigène, un curieux décret dans le but de récompenser M. Alfaro, le premier qui l'avait trouvée.

Voici textuellement le décret :

Santiago, le 10 octobre 1811.

« Vu les rapports précédents, et ayant la conviction non seulement de l'analogie de l'herbe *Guillipatagua* avec celle du Paraguay, dans son odeur, goût et effet, mais encore d'une action médicinale supérieure, démontrée par plusieurs expériences et avec diverses préparations, spécialement avec la théiforme du *Mate*, et espérant par cela même que, récoltée en temps opportun et d'une manière méthodique, elle sera avantageuse pour la santé publique, qui a souffert considérablement, d'après l'opinion unanime des physiciens, par l'usage de l'herbe du Paraguay dont l'analyse a été faite par les meilleurs botanistes et chimistes d'Europe, et qui est ouvertement nuisible, sa culture, vente et usage sont déclarés libres. Et en attendant les résultats heureux que cette autorité cherchera à obtenir par les meilleurs moyens, son emploi sera soumis aux instructions du sage et bien fondé rapport qui précède, du *Protomedico* (président du conseil de la Faculté), M. José-Antonio Rios, dont il sera donné copie aux *subdelegados* (juges de paix) et curés du Royaume, ainsi qu'au général du consulat, afin de stimuler son zèle et ses facultés dans le perfectionnement d'une découverte qui, sortant de son ressort immédiat, peut contribuer au bonheur du Royaume. En vue de ces considérations, nous offrons, au nom de la Patrie et sous la garantie de ce pouvoir, une rente viagère suffisante à celui qui obtiendra le perfectionnement de son emploi et la généralisation de son usage, et en plus la liberté des droits de sortie pour dix ans ; cette liberté sera aussi accordée à M. Manuel Alfaro, le premier qui l'a découverte, sans préjudice d'améliorer son sort aussitôt que les circonstances embarrassées du trésor public le permettront. — Ce décret doit être publié par édit et par affiches publiques, afin que tout le monde en prenne connaissance, mais au préalable avis sera donné à l'auteur de la découverte. — BENAVENTE, ROSALES, CALVO ENCALADA, MACKENNA, Docteur MARIN VIAL. »

Gay dit que sous le gouvernement de M. Ambrosio O'Higgins, on chercha les moyens de généraliser son usage afin d'économiser les grandes sommes d'argent qui sortaient annuellement pour les provinces transandines ; il ajoute qu'à une autre époque les gens des campagnes étaient persuadés que les personnes attaquées de hernies n'avaient, pour être guéries, qu'à mettre le pied sur ces arbres, lesquels, alors, ne tardaient pas à sécher eux-mêmes.

Malgré les essais répétés, jusqu'à ces dernières années, les feuilles du *Guillipatagua* n'ont pu arriver à se substituer à l'herbe du Paraguay, parce que l'odeur spéciale et agréable de celle-ci lui fait défaut. Les paysans l'emploient encore et avec avantage comme purgatif. Ils la boivent en infusion théiforme, comme le *Mate*, à jeun, et obtiennent par ce moyen une ou deux évacuations par jour.

Mon opinion est que les feuilles de cet arbre peuvent servir de succédanés à celles du séné.

CÉLASTRINÉES

MAITEN

Maytenus boaria.

Mol. ed. I, 349. — Gay, II, 7. — M. chilensis, D. C. — C. maytenus, Mol. et W. — B. chilensis, D. C. — Senacia maytenus, Lam. Var. angustifolius, Turez.

Arbre qui atteint de 10 à 12 mètres d'élévation, on en connait quelques variétés ; il est élégant et sa magnifique cime toujours verte ; ses feuilles sont alternes, coriacées, elliptiques-lancéolées ou lancéolées-linéaires, pointues, soutenues par des pétioles plats et courts ; les fleurs sont petites, solitaires ou réunies à la base des feuilles ; le calice est persistant, avec cinq divisions presque rondes ; les pétales, au nombre de cinq, sont ovoïdes, très ouverts et plus grands que le calice ; les fruits sont très nombreux, coriacés, presque ronds, comprimés des deux côtés ; les graines, ovales-oblongues, sont d'abord jaunâtres, ridées, et de couleur noirâtre ensuite.

Il croît dans la plus grande partie des provinces du Chili et a besoin de très peu d'eau pour devenir touffu.

Le *Maiten* est très majestueux, d'un très agréable ombrage ; les feuilles ont les mêmes qualités que le séné apporté d'Europe et lui ressemble. Un fameux médecin français, et grand herboriste, venu dans ce royaume, et qui faisait d'excellentes guérisons avec les herbes du pays, vantant sa qualité et ses propriétés médicinales, dit que la feuille du *Maiten* est pareille à celle du séné et a les mêmes qualités. — « Le séné ayant manqué à l'armée royale, les soldats séchèrent les feuilles du *Maiten* à l'ombre et les prirent en infusion ; les mêmes effets du séné d'Espagne se firent alors sentir. — ROSALES. »

Ses feuilles, selon Gay, sont très fébrifuges et on les emploie en bains partiels pour combattre les éruptions provenant du *Litre*.

On retire des graines, qui sont très oléagineuses, une huile siccative, de couleur jaunâtre, d'une consistance un peu plus épaisse que l'huile d'olive, et qui se congèle à 4 ou 5 degrés au-dessous de zéro ; sa saveur est amère et âcre, elle brûle avec facilité. Selon Bustillos, on peut obtenir de ses fruits 25 % d'huile.

Toutes ces qualités doivent le faire apprécier sous le point de vue industriel, et en médecine on pourrait employer son huile comme succédané d'autres huiles.

Je n'ai jamais eu l'occasion d'employer ses feuilles, et j'ignore si réellement elles produisent l'effet purgatif que leur attribue l'historien Rosales.

RHAMNÉES

TREVU

Trevoa trinervia.

Hook. Bot. Misc., I, 159. — Gay, II, 24. — Colletia trevu, Best. — Retamilla trinervis, Hook et Arn.

Arbuste très rameux, de couleur vert-jaunâtre, épineux; les feuilles sont opposées, ovales ou elliptiques, minces et membraneuses; les fleurs petites, abondantes et jaunâtres; les pétales blancs demi-sphériques.

Le *Trevu*, dit M. Gay, est un arbuste assez commun dans les provinces centrales à une altitude de 500 à 1.500 pieds; sa limite arrive à peu près jusqu'à la rivière Maule. Son bois a peu de valeur, mais les gens de la campagne emploient l'écorce à laquelle ils attribuent des propriétés vulnéraires contre les brûlures et comme préservatif contre les abcès provenant de coups. Dans ces derniers cas, ils se servent de l'infusion.

RETAMILLA

Retamilla ephedra et autres.

Vent. Choix. tab. 16. — Gay, II, 25. — D. C. Prodr., II, 29, sub. Colletia.

Cette plante a ses branches opposées, pas trop longues, de la grosseur d'une plume de corbeau, droites, cylindriques, jaunes; elle n'a ni feuilles ni épines. Le fruit ressemble à notre fraise, ordinairement de couleur rouge, quelquefois blanche, de volume double de celui d'un pois.

On la connaît aussi sous le nom de « *fraise des champs* » et de « *Camán.* »

Les indigènes font usage de ses racines contre les indigestions à cause de ses propriétés astringentes et carminatives.

Elle croît dans les terrains arides des provinces centrales.

SAPINDACÉES

RUMPIATA

Bridgesia incisæfolia.

Bert. Nouv. Ann. Musée, III, 234. — Gay, I, 368.

Arbuste qui atteint un peu plus d'un mètre de hauteur, rameux, à tiges glabres et peu grosses; les feuilles sont oblongues, alternes, dentées, obtuses, pubescentes, avec de nombreuses nervures sur les deux faces et de consistance un peu coriacée; les fleurs sont petites, jaunâtres, au nombre d'une ou deux sur chaque pédoncule; ce dernier est velu, axillaire à la base des feuilles et placé au long des branches.

On le trouve en abondance au pied des Cordillères des provinces centrales. Gay dit que quand il croît dans les terrains secs et accidentés, ses feuilles sont amères et astringentes, plus petites, plus velues, ses rameaux deviennent moins beaux, s'entrelacent, les fruits se flétrissent et sont plus petits; c'est alors la variété « *parvifolia.* »

Les feuilles s'emploient en infusions comme carminatives, légèrement excitantes et vulnéraires.

ANACARDIACÉES

HUINGAN

Duvana dependens.

D. C. Prodr., II, 74. — Gay, II, 42. — Amyris polygama, Cav. — Schinus dependens, Ort. — Schinus Huingan, Mol.

Arbuste toujours vert, de trois mètres de hauteur, glabre, rameux, à écorce rugueuse; les feuilles sont ovales-lancéolées ou ovales-oblongues, entières ou un peu dentées, coriacées, inégales de grandeur; les fleurs blanches, petites, réunies en grappes axillaires; les fruits, d'une et demie à deux lignes, ont un peu l'odeur du génevrier.

Il croît dans les terrains secs depuis Coquimbo jusqu'à Osorno.

« A une autre époque, son usage était bien plus répandu qu'aujourd'hui, on employait l'infusion dans les affections hystériques et urinaires, et au commencement de l'hydropisie. De son tronc, on retire une résine purgative, considérée comme spécifique pour les douleurs, les tensions des muscles et des tendons; pour l'appliquer il faut l'étendre sur un papier; elle est aussi employée contre les maladies appelées « des vents ». La décoction de son écorce produit une essence balsamique vulnéraire, utile pour les douleurs de goutte arthritique des jambes et pour le froid aux pieds. — Dans la province de Maule, on prépare avec ses graines une espèce de *chicha* (boisson qui ressemble au cidre) très piquante, mais d'un goût agréable; les Indiens en font aussi usage dans leurs orgies. — Gay. »

« Les Indiens, dit Frézier, en font une *chicha* aussi bonne et aussi forte que le vin. La gomme du même arbre, dissoute, sert de purgatif. On en tire aussi du miel, et l'on en fait du vinaigre; quand on ouvre un peu son écorce, il en découle un lait qui guérit, à ce qu'on dit, les taies de la cornée; on extrait du cœur de ses jeunes pousses une eau qui éclaircit et fortifie la vue; enfin, avec la décoction de son écorce, on fait une teinture brune-rougeâtre, dont les pêcheurs de Valparaiso et de Concon teignent leurs filets pour que les poissons ne les voient pas. »

Le *Huingan* renferme dans sa tige une grande quantité de résine et une huile essentielle; les fruits sont comestibles et contiennent une substance sucrée d'un goût assez prononcé.

Le miel de *Huingan* est un mets favori du peuple; il s'obtient par la décoction de toute la plante; sa résine est retirée par incision ou par les procédés ordinaires.

Comme tous les balsamiques, le miel et la résine de *Huingan* stimulent les fonctions digestives et produisent des évacuations, si la dose est trop élevée. Ils sont utiles dans les affections chroniques des voies urinaires, dans les bronchites chroniques et dans tous les cas où les balsamiques sont indiqués.

A l'usage externe, le miel et la résine sont très recommandés contre les hernies, en remplacement de l'onguent « contre-ruptures », dans les entorses, rhumatismes chroniques, et quand on veut déterminer une irritation de la peau, comme il arrive avec l'usage de l'emplâtre poreux, de la poix de Bourgogne et des toiles goudronnées.

On dit que le jus de l'écorce du *Huingan* est un galactogogue de grande force. Je n'ai pas eu l'occasion d'en faire l'expérience.

LITRE

Litrea caustica.

Hook. Bot. Misc., III, 175. — L. venenosa, Miers. Trav. II, 549. — Gay, II, 44. — Lauvus caustica, Mol. etc.

Arbre toujours vert, très rameux, de quatre à six mètres de hauteur, pas très gros; les feuilles sont alternes, marginées, coriacées et glabres; les fleurs dioïques, petites, blanchâtres et disposées en grappes axillaires; le calice est persistant, à cinq divisions; les pétales ovales, aigus, concaves et droits; la drupe est jaunâtre, ronde, aplatie, lisse, du volume d'un grain de poivre et avec l'endocarpe charnu.

Il croît dans les montagnes et dans les plaines exposées au soleil, depuis Coquimbo jusqu'à Arauco.

« Parmi ces arbres majestueux, quelques-uns sont de nature malfaisante. Le *Litre* est très connu par son ombrage dangereux qui invite au repos sous ses rameaux touffus, mais son influence est telle, pour qui repose à son ombre, qu'une enflure et un engourdissement difformes s'en emparent, et avec plus de force contre celui qui touche son écorce, bois ou branches, spécialement au printemps, époque où l'humeur vénéneuse est plus abondante. Cette enflure, après avoir mis à l'épreuve la patience du malade pour plusieurs jours, se transforme en une immonde et répugnante gale qui l'oblige à se gratter continuellement. — Les novices de la « Compagnie de Jésus » se trouvant un jour dans le Noviciat de Bucalemu, parlaient souvent des qualités malignes de cet arbre, parce qu'ils connaissaient les malfaisantes actions de son ombrage et de ses branches: le « Maître des novices », un Espagnol qui ne les connaissait pas, jugeant qu'il y avait là un sentiment d'appréhension chez les novices et qu'il était honteux d'avoir cette peur, voulut la leur faire vaincre et mortifier l'un d'eux en lui ordonnant de se frotter le visage avec les feuilles du *Litre;* le novice, humble et obéissant, malgré la connaissance qu'il avait de la malignité de l'arbre, obéit et se frotta la figure; au même instant, elle devint si difforme et enflée que le « Maître des novices » en fut très affligé et regretta beaucoup de n'avoir pas cru ce qu'on lui disait de ses mauvaises qualités, ainsi que d'avoir fait souffrir à l'humble et obéissant novice une expérience qui lui occasionna plusieurs jours d'enflure et de gale à la figure. Cette obéissance fut exemplaire puisqu'il savait le mal qui devait en résulter. Malgré toute la malignité de cet arbre, les Indiennes recueillent avec grand soin une fraise qu'il produit et de laquelle elles fabriquent une *chicha* (espèce de cidre) très agréable et sans qualités nuisibles. — Rosales. »

« Son bois devient très dur avec le temps, séché à l'ombre ou submergé dans l'eau ; il peut alors suppléer au fer pour les pointes des charrues, etc.

« Les charpentiers l'emploient pour les courbes des navires, les dents des roues et essieux de charrettes, dans les constructions des maisons, et les ébénistes pour faire des meubles élégants, à cause du beau jaspé de ses planches, spécialement celle des racines qui sont plus larges et avec les veines mieux dessinées. Les fruits, quoique petits, sont très abondants et les Indiens les emploient quelquefois à faire du miel, des sucreries, et une espèce de cidre assez agréable, que préparent aussi quelques Chiliens des provinces du Maule, Concepcion, etc., pour leur usage particulier. Tous les habitants connaissent le danger de son ombre pour certaines personnes, auxquelles elle occasionne des enflures et des pustules au visage, aux mains et autres parties du corps mises à découvert ; cette maladie est transmissible même pour ceux qui brûlent des branches dans les fours : on doit cependant dire que cet effet n'est pas général, et que ce sont les femmes, les enfants et les personnes douées d'une complexion efféminée qui sont les plus exposées à cette influence ; les meilleurs remèdes sont les réfrigérants, les anodins, l'infusion de *Maiten*, du pavot, etc. — Gay. »

Il est hors de doute que l'ombre du *Litre* produit dans les après-midi d'été, et chez les personnes de peau délicate, une éruption eczémateuse accompagnée quelquefois de réaction fébrile peu marquée et en relation avec l'intensité de l'éruption ; il en arrive de même aux cuisinières et aux personnes qui reçoivent la fumée du *Litre*, et plus souvent à celles qui soufflent le feu avec la bouche pour activer la combustion. Les frictions avec les feuilles de cet arbre peuvent causer les mêmes effets. Ces résultats si pernicieux doivent être attribués à un principe essentiel volatil qui lui est propre ; ils se produisent plus facilement aux heures et aux moments où la chaleur le volatilise.

Comme type de cette éruption et comme échantillon des effets du *Litre*, nous allons copier quelques observations prises par notre disciple distingué M. le Dr Herrera R (1).

Obs. 1re. — N. N. souffrait d'une intense névralgie faciale causée par la carie d'une grosse dent, et ayant épuisé toutes les ressources de la médecine domestique, quelqu'un lui recommanda l'emploi sur la dent cariée d'une petite boule faite avec la râclure du *Litre*. Le mal disparut en effet, la douleur fut calmée, mais au bout de vingt-quatre heures elle constata sur toute la peau de la figure et sur la partie supérieure du thorax une éruption. Quatre jours après la malade vint me consulter : tout le visage et le thorax étaient couverts de petites vésicules remplies d'une sérosité citrine ; quelques-unes s'étaient crevées, et la sérosité, mise au contact de l'air, devenue plus concrète, formait des croûtes jaunâtres; le tissu cellulaire sous-cutané, infiltré, présentait une consistance semblable à celle de l'érysipèle mais sans la rougeur de cette dernière ; les paupières à moitié fermées comme conséquence de l'infiltration des tissus. Il n'y avait ni douleur, ni démangeaison, ni élévation thermique. Au commencement, elle avait eu une démageaison incommode. La malade ne se plaignait que de la tuméfaction du visage. J'ai diagnostiqué un eczéma consécutif à l'absorption du principe actif du — *Litrea venenosa*, — et ordonné des lotions avec de l'eau végéto-minérale en même temps qu'un purgatif au sulfate de soude. Huit jours après l'infiltration du tissu cellulaire ainsi que les vésicules d'eczéma avaient disparu, on en voyait à peine quelques-unes du côté gauche ; les croûtes jaunâtres étaient très disséminées.

Obs. 2e. — N. N., âgé de douze ans, sous l'influence de la crainte qu'il éprouva dans la nuit du 10 mai par une inondation, se réfugia sous un *Litre* sur une colline voisine. Le lendemain, enflure du visage, démangeaison, éruption et douleur à cause du gonflement des tissus. — Le 14, je le reçois en consultation et je constate un eczéma qui prenait toute la figure, la partie supérieure du

(1) *Revista medica de Chile*, t. VI, 1877, p. 109.

thorax et les bras ; quelques vésicules crevées et la sérosité épaisse formant des croûtes jaunâtres. La cause clairement indiquée, le diagnostic fut un eczéma occasionné par le contact direct de la peau avec les feuilles du *Litre*. Le même traitement que pour le cas précédent en ajoutant une pommade à l'oxyde de zinc à la dernière période.

La deuxième observation de M. Herrera est digne de remarque, vu le fait d'une éruption produite par contact, dans une nuit froide et à une heure où le *Litre* est très peu ou pas actif dans ses effets ; nous devons donc supposer que dans ce cas il y eut plus que le contact, probablement des frictions ou frottements avec les feuilles, et le principe volatil se mit alors en action à la chaleur du corps de la personne abritée sous l'arbre.

Le Dr Don Juan Miguel, de vieille expérience, conseillait une teinture préparée avec les feuilles du *Litre* dans les cas où il est nécessaire d'employer les révulsifs ; cette teinture avait l'avantage de ne pas produire les grandes pustules qu'occasionne le tartre stibié ; il l'administrait aussi à l'intérieur par doses homœopathiques dans les pytyriasis rebelles et autres maladies squameuses et persistantes de la peau.

Je crois que l'extrait, qui renferme le principe actif du *Litre*, pourrait s'utiliser sous la forme de sparadrap pour déterminer les éruptions que nous obtenons aujourd'hui avec le thapsia, dont la consommation est si grande.

Le *Litre* contient aussi une résine et une huile volatile.

MOLLE

Litrea Molle.

Gay, II, 45, — Schinus molle, Mol.

Arbre touffu, de cinq mètres de hauteur, divisent en nombreuses branches dont les inférieures sont glabres et les supérieures velues, surtout les nouvelles pousses; les feuilles sont alternes, coriacées, elliptiques-oblongues, entières ou très légèrement dentées, glabres, d'un vert foncé dans la partie supérieure, vert cendré et un peu duvetées dans l'inférieure; les fleurs petites, blanches, disposées en épis plus courts que les feuilles dioïques; la corolle se compose de quatre pétales oblongs, concaves et renferme huit étamines de longueurs différentes; le fruit est petit, rougeâtre.

Il croît dans les mêmes provinces que le *Litre*.

« Le *Molle* est un arbre qui croît avec beaucoup de vigueur dans ces provinces; sa taille n'est pas très élevée et il étend au loin ses branches revêtues de petites feuilles très prolongées que, comme le Lentisque, il ne perd jamais. Il produit des grappes à petites graines de couleur vermeille à leur maturité, qu'on exprime et dont on retire par la chaleur du feu une sorte de miel très médicinal; il est purgatif et très échauffant. Le mélange de cette liqueur avec de l'eau chaude produit un vin très doux, qui purifié par ébullition et passé au filtre, constitue un bon diurétique, fait mamelonner et fortifie les blessures de mauvaise nature; il fait aussi flétrir les hémorroïdes, disparaître les gaz de l'estomac et on s'en sert encore comme tonique et dépuratif. Quand on coupe l'écorce du *Molle*, il en découle une sorte de lait très abondant, très utile pour faire disparaître les taies des yeux. La résine, qui est blanche, sert à déraciner les froids invétérés. La décoction de ses feuilles est très utile en fumigation pour les membres perclus et autres maux causés par le froid et l'humidité. Les pousses supérieures compriment les gencives et nettoient les dents, laissant une odeur et saveur agréables. — Les Indiens du Pérou, en raison de tant de vertus, le consacrent à leurs idoles (1). — ROSALES. »

Selon Gay, notre *Molle* diffère du péruvien; avec ses fruits on

(1) Le Père Rosales confond le Molle du Chili, *Litrea Molle*, avec le Molle du Pérou, *Spinus Molle*, L.; ce dernier, de feuilles pennées, entièrement glabres, contient un jus laiteux et se trouve depuis la rivière Loa vers le Nord; il est connu au Chili sous le nom de *Pimiento* à cause de son odeur pareille à cette espèce.

prépare une *chicha* qui fut à une époque très appréciée; son écorce se recommande en décoction pour les maladies des nerfs.

Le *olle* a un petit fruit agréable, doux, qui rassasie; les gens de la campagne le mangent dans l'été et en font un miel qui est très renommé. Ce miel, mélangé avec de l'eau et laissé à la fermentation produit une liqueur encore très estimée, d'un goût agréable pour la plupart et dont les effets sont dus à l'alcool qu'il contient.

Avec la résine, on prépare des emplâtres employés à la campagne pour les entorses, coups et rhumatismes musculaires. Ses propriétés balsamiques permettraient de l'utiliser dans les affections des voies urinaires et dans les bronchites.

CORIARIÉES

DEU

Coriaria ruscifolia.

Feuill. Jour., III, 17, fig. 12. — L. sp. 1467. — Gay, I, 429. — D. C. Prodr. I, 739.

Arbuste de près d'un mètre de hauteur, très glabre, à tiges allongées, presque creuses intérieurement, disposées de trois en trois dans la partie inférieure, de deux en deux dans la supérieure, les feuilles sont sessiles ou avec un pétale très court, sans stipules, distiques, membraneuses ovoïdes, lancéolées, pointues et entières; la floraison est un épi simple, axillaire, composé de toutes petites fleurs de couleur foncée; le fruit est d'un beau bleu et se compose de cinq carpelles très petits.

On l'appelle aussi *Beu, Eeu* et *mata ratones* (mort aux rats). Selon Gay, il croît dans les endroits humides et aux bords des rivières, depuis la province de Concepcion jusqu'à Chiloé et encore plus au Sud; c'est un arbuste très astringent et les habitants l'emploient pour teindre en noir et pour tanner les cuirs ; les fruits sont vénéneux et servent pour empoisonner les rats. C'est sans doute à cause de cette propriété qu'il est appelé *Deu*, mot araucanien qui signifie rat des campagnes ; quand les chevaux mangent son herbe, ils tombent malades et meurent fréquemment.

« A Chiloé, dit M. Julliet, où les pâturages pour les animaux sont rares, ceux-ci mangent beaucoup de plantes, mais leur instinct leur fait éviter le *Deu*. Il m'a été raconté à Chiloé le cas d'un Indien attaqué de gale, en même temps que sa femme et ses enfants, qui voulût en faire usage empiriquement, mais la mort pour lui et sa famille fut le résultat de ce premier essai. »

J'ignore les phénomènes que le *Deu* peut avoir occasionnés, et occasionne à ceux qui ont l'imprudence de manger ses fruits ; et il y aurait une grande importance à pouvoir apprécier quels sont les appareils organiques les plus activement influencés, ainsi qu'à connaître la ressemblance qu'il peut avoir avec son congénère le *Coriaria myrtifolia* Lin., connu en France sous le nom de *Redoul*, *Rédoux* et *Corroyère*, *Roldón* en Espagne.

Ce dernier, originaire de la Provence et du Languedoc, est aussi un arbre qui sert pour teindre en noir ; on dit qu'il est astringent, et ses fruits, pris en quantité, vénéneux. Sauvages les a vus produire la mort de deux sujets au milieu d'horribles convulsions, une demi-heure après en avoir mangé. Pujada a fait connaître le cas de quinze soldats français empoisonnés en Espagne, dont trois moururent. On connaît aussi la fraude périlleuse, et plus d'une fois fatale, faite en France par le mélange des feuilles de cet arbuste avec celle du séné, fraude qui a été dénoncée la première fois par Guibourt et par Dublanc (1).

Il est, sans aucun doute, très curieux d'observer la ressemblance de ces deux arbustes dans leurs effets, ce qui garantit davantage et prouve la valeur des relations botaniques des nouvelles classifications.

(1) Mérat et Lens. — *Dictionnaire Univ. de Mat. méd. et de Thérap. gén.* Vol. II, p. 431.

LÉGUMINEUSES

Psoralea glandulosa

Lin. sp. 1075. — Gay, II, 86. — D. C. Prodr. II, 220. — *P. lutea.* Mol. est varietas grandulosæ.

Arbuste à tige ligneuse chargée de nombreuses branches cylindriques, longues, couvertes, comme toute la plante, de nombreuses glandes; les feuilles sont soutenues par des pétioles longs et droits, trifoliées avec des folioles lancéolées ou ovales-lancéolées, acuminées, de couleur vert clair sur chaque face; les pédoncules sont axillaires et abondants dans la partie supérieure de la plante, soutenant une vingtaine de fleurs, tantôt unies, tantôt séparées, toujours pédiculées avec une bractée rougeâtre ovale-aiguë; le calice est grisâtre, glanduleux, pubescent, avec cinq divisions lancéolées aussi longues que le tube; la corolle est pourprée ou d'un blanc jaunâtre, ou bien encore de couleur terreuse mêlée de bleu.

Les espèces de ce genre portent le nom de *Psoralea* (gale, en grec) à cause des nombreuses glandes qui se trouvent parsemées dans toutes les parties de la plante.

« Le *Culén*, dit Rosales, peut servir avec grand avantage pour de nombreux remèdes; les Espagnols lui donnent le nom d'*Albaquilla*, par sa ressemblance avec l'*Albahaca* d'Europe, quant à la forme et figure des feuilles, mais différente par l'odeur, saveur, et vertus médicinales, vertus qui nous ont été données par les Indiens de ce pays comme suit : Quant ils se voient blessés à la guerre, ils extraient le suc de cette herbe, et avec ce suc lavent les blessures, les laissant couvertes avec les feuilles triturées et tièdes pendant 24 heures. Après ce temps ils les changent afin d'empêcher l'accumulation des matières secrétées. Sous l'influence de ce traitement, les plaies se modifient, mamelonnent et cicatrisent rapidement ; la poudre des feuilles produit à peu près le même effet. On a vu un Indien, ayant de vingt à trente blessures, guérir avec cette herbe. — Sa seconde propriété consiste en une grande fraîcheur que ressentent les Indiens et les Espagnols quand ils mettent les feuilles, en grande quantité, dans l'intérieur de leurs chapeaux ; ils peuvent s'exposer au soleil sans souffrir de la chaleur, au contraire ils se sentent rafraîchis. Elle est aussi efficace pour guérir les hémorroïdes, en se lavant plusieurs fois par jour avec la décoction de ses feuilles ; quand elles sont externes, la vapeur de cette même décoction soulage beaucoup. Les feuilles triturées et chaudes, mêlées à du bon vin et placées dans le rectum, sont très utiles dans les épreintes ; cette opération doit être répétée le plus souvent possible. »

Ses feuilles, aromatiques, ont été employées très longtemps comme le thé, le remplaçant avantageusement et facilitant la digestion d'une façon toute particulière ; elles sont très stomachiques et vulnéraires ; les gens de la campagne en font surtout usage, comme aussi de l'écorce du tronc et de la racine, qui possèdent les mêmes vertus médicinales que les feuilles. On l'emploie pour les diarrhées, coliques et indigestions ; ses cendres ont les mêmes propriétés et elles servent aussi pour les ulcères ; avec les pousses supérieures, on prépare une sorte de tisane ou *Aloja* (boisson composée de sucre, eau, miel, épices, etc., soumise à une fermentation préalable) qui paraît être très salutaire. Enfin, la résine que cet arbuste donne au printemps sert à divers usages, et surtout aux passementières pour cirer le fil. — GAY. »

Dorvault est dans l'erreur quand il croit que la *Yerba-mate* (herbe du mate) ou thé des Américains du Sud, se prépare avec les feuilles de *Culén* grillées et pulvérisées. La véritable *Yerba-mate* est le *Ilex Paraguayensis* Lamk, et autres espèces d'arbustes, sylvestres et cultivées dans le Paraguay et contrées voisines.

Les parties du *Culén* les plus en usage sont les fleurs, les feuilles et la partie extérieure de l'écorce, toutes administrées en infusion.

Il croît dans les terrains pierreux, aux bords des rivières, depuis Coquimbo jusqu'au Cautin.

Le *Culén* contient une résine très abondante, qui rend les feuilles visqueuses ; une huile volatile qui lui donne l'odeur aromatique qui le caractérise ; une matière azotée, cristalline et amère, découverte par Lenoble, et probablement aussi une légère quantité de tannin.

Ses effets physiologiques sont peu marqués, il excite légèrement l'estomac et facilite la digestion.

Ses propriétés thérapeutiques sont très appréciées, raison pour laquelle son usage est si généralisé. On l'emploie sous forme d'infusion (4 × 100) contre les indigestions, diarrhées, dysenteries chroniques, et comme vulnéraire pour laver les blessures. Sa résine est moins en usage dans la médecine, cependant elle est employée quelquefois sous forme de pommade dans le traitement des ulcères.

L'usage de la tisane de *Culén* a été très généralisé lors de l'épidémie de choléra qui nous a frappés, et a remplacé avantageusement les autres tisanes conseillées. Je l'ai employée moi-même, seule ou mêlée avec du vin, pour maintenir les forces digestives et pour me soustraire aux langueurs d'estomac que cause l'eau bouillie C'est un breuvage très agréable et aromatique.

De même qu'on compte de nombreux partisans du thé et du café, il y a quelques personnes qui préfèrent le *Culén* à ces deux préparations aromatiques.

Un des fervents admirateurs du *Culén* a pu me transmettre les renseignements intéressants qui vont suivre, et qui feront connaître une industrie aujourd'hui abandonnée, mais qui pourrait être mise de nouveau en pratique avec un peu d'attention et de patience.

« Parmi les rares industries qui s'exploitaient avec succès du temps où nous étions colonie espagnole, figurait l'exploitation du *Culén*, à Valdivia (1), et de la *Chilca*, à Talca.

(1) Cette plante ne croît pas spontanément à Valdivia, aujourd'hui au moins.

« Le premier se récoltait et s'exploitait sur une grande échelle au Pérou; de la seconde on retirait la résine. L'aristocratie de Lima prenait alors le *Culén*, comme aujourd'hui le thé ; et les cordonniers employaient la résine de *Chilca* au lieu de la cire.

« Le *Culén* se préparait de la manière suivante : La récolte des fleurs et des feuilles étant faite, on les desséchait à l'ombre, en ayant soin de les remuer tous les jours. Cette opération terminée, on les agitait dans de grandes terrines mises au feu, mais sans atteindre une température qui aurait pu les griller; pour les maintenir constamment en mouvement on se servait de bâtons du même arbre. — Ainsi préparées, elles étaient empaquetées, mais avant on les mélangeait en faisant trois classes distinctes : la première contenait neuf livres de feuilles pour une livre de fleurs ; la seconde deux livres de fleurs pour huit de feuilles, et enfin, la troisième sept livres de feuilles pour trois livres de fleurs.

« Cette dernière préparation, prise en infusion, faisait les délices des vice-rois, magistrats et courtisans de la ville du Rimac. »

L'exploitation du *Culén* serait facile aujourd'hui et donnerait du travail à beaucoup de femmes et d'enfants.

La dessiccation peut se faire, avec plus de succès, sur des clayonnages de roseaux placés les uns sur les autres, laissant un espace suffisant pour pouvoir les remuer ou sur une grille de métal exposée à un courant d'air.

Quant au chauffage, il peut avoir lieu dans des cylindres de laiton, de la même forme que ceux dont on se sert pour griller le café.

Pour les exporter, il serait préférable d'employer des boîtes de laiton depuis une demi-livre jusqu'à dix livres; on pourrait aussi les empaqueter dans des petits sacs de fort papier bien conditionnés.

La mise à profit du *Culén*, ou thé de Valdivia, comme on l'appelait à Lima quant le thé fit son apparition, peut arriver à être une industrie productive et donner lieu à une exploitation en grand.

Le thé, mélangé avec le *Culén* dans la proportion de deux cuillerées du premier pour une cuillerée du second, est très agréable, n'empêche pas le sommeil et n'attaque pas les nerfs.

Les personnes qui se traitent par l'homœopathie peuvent laisser le thé pour le *Culén*, avec la certitude qu'au bout de peu temps elles trouveront ce dernier plus sain et plus agréable.

Le *Culén* n'exige pas pour sa culture des terrains choisis. Il croît, vigoureux et beau dans les marais, au bord des rivières et des ruisseaux, dans les terrains caillouteux qui ne produisent que la *Chilca*. Dans les régions pluvieuses du Sud, il croît jusque sur les collines élevées. Aujourd'hui, le *Culén* est très abondant dans toutes es propriétés du Centre et du Sud de la République ; s'il n'a pas été détruit, c'est parce que les terrains qu'il occupe ne rendent aucun service. Sur les bords des rivières, entre le Cachapoal et le Bio-Bio, les *Culenes* se comptent par centaines de mille.

Nous croyons que pour vendre tout ce qui pourrait se récolter, il suffirait de faire connaître ses propriétés et envoyer des échantillons, l'offrant en vente, à Santiago, Lima, Montevideo, Buenos-Ayres, et sur les principales villes d'Europe. Avec une dépense de 300 piastres, on pourrait faire aujourd'hui une grande récolte de *Culén* et le préparer convenablement.

Aujourd'hui que les agriculteurs cherchent de nouveaux bénéfices pour leurs propriétés, que tous désirent implanter de nouvelles industries, sûres et productives, ils pourraient établir l'exploitation du « thé de Valdivia » avec d'autant plus d'avantages qu'il n'exige ni machines, ni appareils coûteux, ni même un salaire élevé.

Certaines préparations du *Culén* sont officinales et se trouvent enregistrées dans la pharmacopée chilienne.

TEMBLADERILLA

Phaca ochrolenca.

Hook y Arn. Bot. Misc. III, 186. — Gay, II, 95.

Plante ligneuse, glabre ou couverte d'un duvet court et soyeux, avec de longues branches, droites, simples, cylindriques, striées longitudinalement; les feuilles ont deux petites stipules linéaires-lancéolées à la base; elles sont, soutenues par un petit pétiole filiforme, et composées de dix à douze paires de folioles ovales, elliptiques, légèrement aiguës à leur sommet; les pédoncules soutiennent un épi dense, d'un beau jaune, avec de petites bractées à leur base; le fruit est petit, ovale, couvert d'un duvet blanc-jaunâtre, avec une seule graîne sublenticulaire vermeille.

Cette espèce avec ses variétés, et autres du même genre, sont connues sous le nom *Tembladerilla*, *Yerba-loca* (*herbe folle*); elle croît dans les terrains arides des provinces centrales et aussi dans celles du Nuble et Concepcion, où elle forme de ravissantes prairies que les animaux respectent avec un instinct admirable, surtout ceux qui ont déjà subi leurs terribles effets.

« J'eus l'occasion, m'a écrit mon élève et ami, le docteur M. Navarrette, de voir deux chevaux qui s'étaient nourris pendant quelques jours de cette plante; soumis à n'importe quelle agitation ou exercice, ils souffraient d'attaques caractérisées par les symptômes suivants : mouvements convulsifs de tout le corps, plus accentués dans les membres postérieurs. Les convulsions duraient de 8 à 10 minutes jusqu'au moment où, ne pouvant plus se maintenir sur pied, l'animal tombait sur ses membres postérieurs devenus, dès cet instant, d'une rigidité tétanique; il grinçait convulsivement des dents et tombait un peu plus tard dans une espèce de léthargie qui durait quelques minutes. Une sueur abondante terminait la crise. »

Le remède pour les animaux qui ont mangé la *Tembladerilla* est un sudorifique. J'ignore les usages thérapeutiques de cette plante.

PELU

Edwardsia macnabiana.

Grah. Edimb. Jour., 26-195. — Gay, II, 216, sub nomine : Microphylla.

Cet arbre atteint une hauteur de dix mètres environ ; ses branches sont un peu tortueuses, cylindriques ; les feuilles, alternes avec une paire d'ailes, composées de 16 à 18 paires de petites folioles, opposées, sessiles, presque rondes ou ovales, entières, légèrement velues ; les fleurs sont placées à l'extrémité des branches sous forme de courtes grappes ; le calice est ample, tubulaire, avec cinq petites dents ; la corolle, d'une couleur jaune, assez grande ; le fruit a la forme d'une baie allongée, un peu comprimée, pourvue latéralement de quatre ailes longitudinales, membraneuses et adhérentes entre les graines, ce qui lui donne une apparence articulée.

Il croît depuis la rivière Maule jusqu'au Sud ; on le trouve aussi dans l'île de Juan Fernandez. Ses belles panicules de fleurs jaunes, ouvertes avant la croissance des feuilles, le font rechercher comme arbre d'ornement pour les parcs et jardins. La dureté de cet arbre est telle qu'on utitilise son bois pour la construction des pointes de charrues, dents de roues, poulies, etc. ; même à l'humidité, il se conserve pendant longtemps sans altération. Les baies contiennent du tannin, et avec elles on peut faire de l'encre.

Selon Pennesse, le bois et l'écorce desséchée sont employés comme purgatifs, diaphorétiques, stimulants, altérants, etc. On les applique dans le rhumatisme chronique, leucorrhée, goutte, syphilis, éruptions cutanées, etc. L'écorce, après une longue ébullition, produit un extrait résineux dont les effets ressemblent à ceux du *Guayacum off.* La dose est d'une à deux onces pour un litre d'eau, en décoction ; l'extrait de 10 à 30 grains.

SEN — Q EBRACHO, ALCAPARRA, MYA

Cassia stipulacea.

Ait. hort. Kenv., II, 52. — Gay, II, 241. — D. C. Prodr, II, 496. — Cassia alcaparra, Ph., Lin., XXXIII, 61. — Cassia vernicosa, Closs. — Gay, II, 244, et en général toutes les espèces indigènes de ce genre.

Ce sont des arbustes communs dans les provinces centrales, très touffus, avec les feuilles alternes, simplement pennées ; les fleurs sont grandes, d'un beau jaune, quelques-unes avec une teinte légèrement rougeâtre ; le calice est composé de cinq sépales inégaux ; les pétales, alternes, sont au nombre de cinq, et les étamines, inégales, au nombre de dix ; les fruits oblongs, pointus et petits.

Le bois de ces arbustes est très dur, résistant, presque inattaquable par l'humidité, ce qui le fait employer, avec avantage, comme échalas pour les vignes.

L'écorce et les fruits sont astringents et donnent un précipité noirâtre avec les sels de fer. Les gens de la campagne utilisent quelquefois cette propriété dans la médecine domestique.

Les feuilles de ces arbustes jouissent de la renommée de purgatives, et malgré leur action bien moins énergique que celle du séné, elles le remplacent parfois. — Gay dit que la décoction des feuilles de la *C. stipulacea* sert pour nettoyer la tête et la débarrasser des parasites qu'elle abrite.

ALGARROBILLO

Balsamocarpon brevifolium.

Clos. — Gay, II, 228, tab. 20.

Petit arbuste de soixante centimètres à un mètre qui croît sur les collines arides des provinces d'Atacama et de Coquimbo. Ses branches sont fortes, cylindriques, simples, rougeâtres et couvertes d'une poudre couleur cendrée; elles portent de petits tubercules, d'où sortent d'une à trois épines à la fois, avec des petits faisceaux de feuilles pennées, composées de trois folioles petites, verdâtres, à pétioles courts et de la même couleur; les fleurs sont en corymbe, de couleur jaune oranger, et sur des pédoncules couverts de poils glandulifères; le fruit est de la grosseur du doigt, de trois à quatre centimètres de longueur, obtus à chaque extrémité et terminé à son sommet par une pointe très courte, rugueuse, de couleur gris rougeâtre, quelquefois reluisante, présentant d'ordinaire deux dépressions, et sur chaque bord un sillon plus marqué sur l'un que sur l'autre.

Le fruit, qui porte le nom d'*Algarrobillo*, est employé en médecine et dans l'industrie.

D'après M. Vasquez, il renferme une quantité considérable de tannin. Cette matière forme la partie parenchymateuse du fruit, constituant ainsi la presque totalité de son poids; cependant on la trouve aussi isolée dans l'intérieur, où elle apparaît comme un produit de sécrétion. Ce tannin, tel qu'on le retire mécaniquement du fruit, est granuleux, de couleur jaune-rougeâtre, d'odeur peu perceptible et d'une saveur extrêmement astrigente, présentant tous les caractères du tannin de la noix de galle. En plus du tannin, le fruit renferme aussi une matière résineuse et une substance d'un beau jaune clair soluble dans l'éther.

La forte quantité de tannin que contient l'*Algarrobillo*, et qui lui donne une ressemblance avec la noix de galle, laisse voir que son emploi thérapeutique est analogue à celui de cette substance et que les médecins chiliens feraient bien de l'utiliser.

L'industrie le consomme sur une grande échelle pour tanner les cuirs et dans la teinturerie. La statistique commerciale chilienne donna comme valeur d'exportation de l'*Algarrobillo*, en 1886, la grosse somme de plus de 140,000 piastres; cette somme descendit (sans que nous puissions en déterminer la cause), à un peu plus de 50.000 piastres pour l'année 1887.

La valeur commerciale de cet article laisse entrevoir son importance et indique bien clairement la richesse de ses principes tanniques. Malheureusement, la zone où l'on le trouve est restreinte, ce qui ne permettra pas de longtemps d'augmenter son exportation.

ALGARROBO

Prosopis siliquastrum.

D. C., II, 447. — Gay, II, 249. — Ceratonia chilensis, Mol. — A. Siliq. Laz.

Arbre de six à huit mètres de hauteur, à branches fortes, flexibles, portant dans les angles de flexion de gros tubercules noirâtres, desquels naissent des petits faisceaux de feuilles et de fleurs ; les pétioles sont assez minces et supportent de 13 à 20 paires de folioles, un peu séparées, en rangées étroites, de couleur vert jaunâtre, les épis apparaissent en abondance avec les feuilles ; les fleurs sont très serrées, subsessiles et jaunâtres ; les pétales sont velus intérieurement ; il y a dix étamines ; le fruit est très arqué et comprimé, de 4 à 8 centimètres de long, étroit, jaunâtre, aigu à son sommet.

On trouve l'*Algarrobo* dans les endroits secs de la rivière Tinguiririca jusque dans l'intérieur de la province d'Atacama ; son bois est très dur, un peu semblable à l'*Espino* (épine) et inattaquable par l'humidité.

La partie employée en médecine est le fruit, de saveur douce, agréable, légèrement astringent et alimentaire.

Diego de Rosales dit que les porcs et les chevaux mangent quelquefois les fruits de l'*Algarrobo* et engraissent beaucoup avec cette nourriture, et que les Indiens les mangeaient aussi et en faisaient une espèce de pain ; ils constipent beaucoup.

Les graines de l'*Algarrobo* se recommandent comme pectorales mais on les emploie davantage dans les affections cardiaques quand celles-ci, comme conséquence du manque d'équilibre dans la circulation, produisent des œdèmes plus ou moins généralisés. On les administre en tisane, seules ou mélangées avec quelques grains de *Quinoa* en les faisant fermenter dans des gourdes préparées à l'avance. Avec cette préparation, on cherche à obtenir un effet diurétique. — Je l'ai vu donner dans plusieurs occasions, moi-même je l'ai conseillée et je crois qu'en réalité elle jouit de cette propriété. Le tannin que contient la gousse ne contribue-t-il pas, dans ces cas, à aider l'effet cherché ? Il est très probable que si, car la bienfaisante action de cette substance dans un bon nombre des maladies du cœur est bien connue.

L'infusion des fruits de l'*Algarrobo*, ainsi que la *Aloja*, préparée avec eux, sont deux boissons très agréables que les malades prennent sans répugnance.

ESPINO

Acacia cavenia.

Mol. Ed., II, 299. — Gay, II, 255. — D. C. Prodr., II, 430.
Sub-mimosa.

Arbre qui atteint jusqu'à six mètres de hauteur, de tronc excessivement dur, tortueux, d'écorce noire et crevassée ; les branches sont grosses, striées, remplies de fortes épines acérées et blanchâtres ; les feuilles, petites, doublement pennées et à peine mucronées vers leur sommet ; sept pétioles secondaires avec dix à douze paires de petites folioles oblongues ; branches prolifères, nues, soutenant dans la partie axillaire des stipules de trois à six chapiteaux de fleurs d'une belle couleur jaune ; le calice est rougeâtre avec cinq divisions ; la corolle, plus longue que le calice, jaunâtre et glabre ; les étamines, irrégulières et polyadelphes, sont au nombre de 30 à 60 ; la gousse est grosse, oblongue, fusiforme, un peu recourbée, renfermant beaucoup de grains. Les fleurs apparaissent avant les feuilles.

Cet arbre, de grande utilité pour les agriculteurs, croît de préférence dans les endroits pierreux et secs; on le rencontre depuis Copiapó, où il est appelé *Churgue*, jusqu'à Concepcion.

Dans le temps, les forêts d'*Espinos* étaient très abondantes, mais elles tendent à disparaître; son bois est très estimé pour les constructions dans diverses industries, comme bois de chauffage et surtout pour faire un charbon, dont la qualité est excellente et le degré de chaleur qu'il développe très élevé.

L'*Espino* renferme une certaine quantité de tannin et une matière colorante qui pourrait être utilisée dans la teinturerie. Il paraît que la soie prend bien la couleur que produit cet Acacia et que l'encre, faite avec cette couleur, résiste aux diverses actions produites par la lumière, l'humidité et aussi aux acides et alcalis (1).

C'est probablement au tannin que renferme l'*Espino* qu'il faut attribuer l'usage qu'en font les gens du pays, sous forme d'infusion ou décoction, pour guérir les blessures et les ulcères. Ses graines sont aussi employées quelquefois pour provoquer les éternuements; vertes, elles ont une odeur désagréable; grillées et pulvérisées, on les administre sous forme de café; elles auraient des propriétés digestives et stimulantes.

ROSACÉES

FRUTILLA

Fragaria chilensis

Ebrh. Beitr., T. pag. 26. — Gay, II, 305. — D. C. Prodr., II, 575.

Petite plante, velue, à rhizomes longs et minces, qui donnent naissance à plusieurs feuilles à pétioles plus ou moins allongés, com-

(1) *Anales de la Sociedad de Farmacia de Santiago.* T. VI, p. 179.

posées de trois folioles non pliées, très dentées, velues, argentées au-dessous, glabres au-dessus : le fruit est composé de nombreux carpelles placés dans un seul gynophore ovale, succulent et assez grand.

Chez les Araucaniens, elle est connue sous les noms de *Quellghen* et *l ahuen*. Elle est commune dans les terrains abondants en pâturages de Concepcion, Valdivia et Chiloé ; elle se cultive et est très appréciée dans les provinces centrales, étant un des premiers fruits livrés à la consommation vers le milieu du printemps. Le voyageur Frézier fut son introducteur en France, où elle est connue sous le nom de « Fraise du Chili. »

Le fruit est agréable, légèrement acidulé, mucilagineux et rafraîchissant. Il convient aux tempéraments bilieux, pléthoriques et aux gens qui souffrent de constipation. Le calice de cette plante se recommande en infusion contre les indigestions et les diarrhées par ses propriétés émollientes et mucilagineuses. La racine est un faible astringent, et, comme tel, il est indiqué dans les cas de dysenterie, de diarrhées chroniques et dans les hématuries, flux sanguins, légers, etc. Comme la racine de la fraise d'Europe, elle a des propriétés diurétiques et apéritives, parce que, comme le dit très bien Gluber, les astringents faibles sont les meilleurs auxiliaires des stimulants spéciaux de la sécrétion rénale, quand les reins hyperhémiés ne laissent transsuder qu'une faible proportion d'eau.

Rosales dit que pour obtenir un remède puissant contre la fausse couche, on doit faire une décoction de racines de fraises, prendre ensuite un petit bloc de terre glaise, le brûler jusqu'à ce qu'il soit réduit en braise, puis éteindre cette braise dans la décoction ; par cette boisson, la marche de la créature est retenue et les douleurs de la mère s'apaisent. Par ses qualités astringentes, l'infusion de la racine est très en usage dans les campagnes comme collyre.

YERBA PLATEADA ó DE PLATA (Herbe argentée ou d'argent).

Potentilla auserina.

L. sp. 710. — Gay, II, 303. — D. C. Prodr., II, 582.

Plante à tiges rampantes, très belle ; ses feuilles sont pennées, d'un vert clair à la partie supérieure et argentées au-dessous avec de brillants reflets, dûs aux nombreux poils soyeux qui les couvrent ; les folioles sont oblongues ou elliptiques, très dentées, généralement alternes ou opposées ; fleurs jaunes soutenues par un pétiole solitaire de la longueur des feuilles.

Il croît en abondance dans les bourbiers, et prend son nom de la couleur de ses feuilles.

Les *Potentillas* tirent leur nom de la puissante activité que leur attribuaient les anciens ; aujourd'hui elles sont presque reléguées dans l'oubli, et on les emploie à peine dans la médecine domestique.

L'espèce que nous décrivons a des racines considérées comme astringentes et toniques ; on les emploie sous la forme de tisane dans les dysenteries chroniques et dans les hémorragies ; sous forme d'injections dans les coryzas chroniques, flux blancs et polypes incipients. — En un mot, elle a les mêmes propriétés et la même réputation qu'on lui donne en Europe.

Quoique ce soit une plante européenne, elle doit être considérée comme chilienne en raison de son abondance dans les plaines et montagnes de presque toute la République.

YERBA DEL CLAVO

Geum chilense.

Balb. Lind. Bot. veg. tab. 1384. — Gay, II, 276 — Coccineum Sibth. Sm. Magellanicum, Comm. — Quellyon, Sweet.

Plante petite, velue ; ses feuilles sont pennées, velues, radicales, composées de folioles inégales, obtuses, rondes, ou presque rondes, dentées, plus ou moins lobulées ; les fleurs sont rouges et naissent en panicules très ouvertes ; les fruits composés de nombreux carpelles très velus et terminés par un style rouge.

Elle croît de l'Aconcagua jusqu'à Magellan, et elle devient plus commune à mesure qu'on avance dans le Sud. Les Indiens la connaissent sous le nom de *Hallante.*

Feuillée et Gay disent que sa décoction est dépurative et résolutive et que les Indiennes l'emploient pour régulariser leur menstruation.

La racine de ce genre est légèrement astringente, et d'après mon opinion, peut être employée comme les autres espèces du même genre, c'est-à-dire, comme diurétique, apéritive et astringente. Son nom lui vient d'une odeur de clou qui sort de la cassure de la racine fraîche.

BOLLÉN

Kagenekia oblonga.

R. et P. Flor. per Syst., 289. — Gay, II, 270. — D. C. Prodr., II, 547. — Lydœa Syday, Mol.

Arbre toujours vert, un peu touffu, les feuilles sont oblongues-elliptiques, obtuses ou acuminées, coriacées, dentées ; fleurs mâles paniculées dans la partie axillaire des feuilles, très blanches ; les fleurs femelles ont leurs étamines très courtes, stériles, et cinq germes très velus ; le fruit est composé de cinq capsules, ou de quatre, et même de trois, par avortement, disposées en forme d'étoile.

« Cet arbre, de peu de hauteur, croît dans les endroits un peu arides d'une grande partie du Chili, depuis la rivière « Imperial » qui est la limite Sud, jusqu'à Tamaya, qui est sa limite Nord. Les Araucaniens, les Chiliens de Concepcion, etc., lui donnent le nom de *Huayo* ou *Guayo* (1), tandis qu'à Santiago et dans les provinces voisines, son nom est *Bollén*.

« Son bois est très dur et on l'emploie pour faire des pioches à deux pointes et aussi pour la construction, quoiqu'il ne soit pas gros. Les feuilles sont très amères et on les employait autrefois contre les fièvres rémittentes, mais son usage est aujourd'hui presque abandonné ; les Indiens, si superstitieux, recueillent quelquefois les graines pour guérir les personnes qui croient avoir reçu quelque maléfice des sorciers. — GAY. »

« Sur les plages de ce territoire, dit Molina, croît aussi un arbre de bel aspect, qu'on nomme *Bollen*, et que je crois un véritable poison. Cependant, dans certaines circonstances, les médecins emploient les pousses du sommet réduites en poudre et dissoutes dans l'eau, comme vomitifs et purgatifs ; mais sans dépasser la mesure d'un demi-scrupule, car ces poudres constituent un des émétiques les plus terribles connus dans le règne végétal. »

Nous n'avons jamais eu l'occasion d'apprécier personnellement les effets des feuilles du *Bollen* en infusion, unique préparation qui s'administre dans la campagne ; mais, d'après nos recherches, le *Bollen* est loin de posséder les effets si accentués que lui attribue Molina.

M. Larenas nous dit que son principe amer est dû à un gluco-

(1) Le *Guayo* est la *K. crataegoides*, Doñ., des collines de la côte, très ressemblante au *Bollén*, mais seulement un arbuste ; le vulgaire confond fréquemment ces deux plantes, les considérant comme une seule.

side qu'il a eu la bonne fortune de découvrir, et que ses feuilles sont un faible succédané de l'ipécacuanha.

QUILLAY

Quillaja saponaria.

Mol. 354. — Gay, II, 274. — Molinae, D. C. — smegmadermos, D. C. — S. emarginatus, R. et P.

Arbre élevé, il atteint une hauteur de dix mètres et plus, peu rameux, droit, feuilles alternes, coriacées, nerveuses elliptiques, obtuses ou peu aiguës, entières, ou bien encore, dentées et marginées; les feuilles sont blanches et disposées en petits corymbes; le calice est gros; les pétales sont ovales-elliptiques un peu plus grands que le calice; le fruit est tomenteux et composé de cinq capsules coriacées, obtuses, s'ouvrant en forme d'étoile.

Le *Quillay* est assez commun dans toutes les provinces centrales, sur les collines et dans les plaines. Son bois, assez dur, résiste peu à l'influence de l'air; mais sous terre et dans les lieux humides, il se conserve très longtemps, c'est pour cela qu'il est le bois préféré des mineurs. Il est connu en Europe sous le nom d'*écorce* ou *bois de Panama.*

La plus précieuse des qualités du *uillay* est la saponine que produit son écorce concassée dans l'eau, et qui peut remplacer le meilleur savon; dans cet état, elle sert pour nettoyer d'une manière parfaite les étoffes de laine et de soie, enlevant toutes les taches et leur donnant l'apparence du neuf; sa consommation pour cet usage est très grande, et à une époque son exportation fut considérable sous forme d'extrait. Il ne produit pas les mêmes effets sur les étoffes de lin et de coton, leur donnant au contraire une couleur jaunâtre qui était attribuée par Molina à une espèce de *Quillay* qui se rencontrait près de la côte, et très éloignée des montagnes sub-andines.

Les Chiliens et les Indiens l'emploient de préférence au savon pour se laver la tête, et son usage est si répandu qu'on peut le trouver en vente dans les épiceries et magasins d'articles divers. On croit généralement que les Chiliens et Araucaniens doivent la beauté de leur chevelure au fréquent usage qu'ils font de l'eau de cette écorce pour la nettoyer. Dans la *Flore selecta regni chilensis*, que Molina, en se servant des travaux de Ruiz et Pavon, a ajouté à sa deuxième édition, on rencontre cette espèce deux fois citée : la première sous son nom véritable de *Quillaja saponaria*, et la deuxième sous celui de *Smegmaria emarginata*. — GAY. »

« Le *Quillay* est un arbre élevé, avec des feuilles petites très abondantes. Administrée en lavement, la décoction de l'écorce possède une grande vertu pour faire disparaître les indigestions. Trempée dans l'eau, elle remplace le savon pour ôter les taches avec un effet rapide et sûr. Elle sert aussi pour rehausser la couleur de toute espèce de laines. Les Indiens et les Espagnols l'emploient très communément pour se laver la tête, parce que l'écume que cette écorce produit en l'agitant dans l'eau, remplace le savon, et est excellente, non seulement pour le nettoyage, mais encore pour donner aux cheveux un aspect luisant. Ceux qui ont les cheveux blonds, en se lavant avec cette eau, les voient changer en châtains et presque noirs. — ROSALES. »

La hache du bûcheron travaille d'ordinaire avec activité pour faire tomber ces beaux arbres, dont l'écorce est si demandée par le commerce. Sans compter l'immense consommation qu'on en fait dans le pays, l'exportation en est considérable et a atteint dans les années 1881-1882 (peu propices pour l'agriculture) 316.090 kilogrammes. On exporte aussi son extrait en quantité assez considérable.

L'écorce est fibreuse et tenace, elle s'exporte en morceaux minces, blanchâtres, de 50 centimètres à 1 mètre de longueur, sur 5 à 10 centimètres de largeur; son goût, d'abord légèrement sucré et alcalin, est ensuite âcre, avec persistance. Réduite en poudre, elle provoque des éternuements.

Elle contient principalement de la saponine.

Ce glucoside ne se trouve pas répandu en proportions égales dans toutes les parties de l'arbre; suivant l'opinion du docteur Navarrette qui en a fait l'analyse, on trouve 3 1/2 pour 100 de saponine dans les feuilles; 4 pour 100 dans le bois; 8 1/2 dans l'écorce de la racine, et 12 pour 100 dans l'écorce de la tige.

Butron-Charland et O. Henry lui donnent la composition suivante : matière spéciale, très piquante, soluble dans l'eau et dans l'alcool, matière graisseuse, chlorophylle, sucre, gomme, matière colorante, foncée, malate de chaux et sels divers.

Le docteur R. Kobert, Allemand, après une analyse attentive, a trouvé dans le *Quillay*, comme dans la *Polygala Senega*, deux glucosides, mais dans une proportion cinq fois plus abondante dans celui-là. « Maintenant, ajoute-t-il, l'écorce du *Quillay* est près de dix fois moins chère que la racine de *Senega*. En plus, la proportion des substances efficaces dans l'écorce du *Quillay* est bien constante. Il manque aussi à cette écorce une substance qui cause le goût si désagréable de la décoction de *Senega*; mais, comme compensation, l'écorce du *Quillay* contient une grande quantité de sucre qui donne à la décoction une saveur douce. Pour ce motif, j'ai esssayé l'écorce du *Quillay* dans sa valeur thérapeutique. Voici le résultat obtenu : 1° Que les malades supportent mieux ce remède que la *Senega*, et que, rarement, ils sont attaqués de vomissements et diarrhées. — 2° Que le remède, à cause de son goût sucré, est pris avec plaisir, même par les enfants. — 3° Que les effets expectorants du médicament sont hors de doute (1). »

On sait que la saponine (que contient en grande partie le *Quillay*) est un corps blanc, pulvérulent, non cristallisé, très fusible, sans odeur, d'un goût d'abord sucré, et ensuite d'une âcreté persistante.

La saponine produit l'éternuement; elle se dissout dans l'eau en toutes proportions : il suffit de 1 gram. pour 1000 pour faire naître

(1) Traduction de M. Frédéric Philippi de la *Pharmaceutische Centralhalle de 1885*, pag. 478.

l'écume ; en dissolution, elle est trouble d'abord et devient ensuite transparente après plusieurs filtrations.

M. Lebœuf père, en 1850, démontra que toutes les substances insolubles dans l'eau et solubles dans l'alcool, pouvaient, en ajoutant de la saponine dans la solution alcoolique, se diviser jusqu'à l'infini dans l'eau et former des émulsions. M. Lebœuf fils a tiré parti de ce fait et, le prenant pour base, a indiqué la préparation d'une teinture alcoolique de *Quillay*, dans la proportion de un pour quatre.

Le docteur H. Collier, dans un rapport lu à la Confédération pharmaceutique britannique, propose, suivant les démonstrations du pharmacien français, l'emploi, pour la teinture, de la formule suivante, administrée en émulsions.

Ecorce de *Quillay* dépouillée de l'épiderme et moulue	120 grammes.
Alcool rectifié	930 —

En macération durant trois jours, et on passe au filtre ; il en résulte une teinture jaune clair.

Si l'on agite du mercure métallique avec cette teinture, il supporte une division extrême qui persiste.

Le chloroforme forme avec cette teinture une véritable émulsion.

Chloroforme	10 gouttes.
Teinture de *Quillay*	4 grammes.
Eau distillée	30 —

Les huiles de ricin, de foie de morue et d'olives produisent des émulsions parfaites.

Huile de ricin	15 grammes.
Teinture de *Quillay*	2 —
Eau	30 —

On mêle, dans un flacon, l'huile avec la teinture, et on ajoute ensuite l'eau, on agite encore et on secoue ; il en résulte une émulsion qui présente l'aspect du lait.

Les teintures résineuses exigent une plus forte dose de teinture de *Quillay*, afin d'empêcher la séparation de la résine.

Teinture de Tolu........................	40 gouttes.
Teinture de *Quillay*......................	4 grammes.
Eau....................................	30 —

Mêlez.

Copahu.................................	2 grammes.
Teinture de *Quillay*......................	2 —
Eau....................................	30 —

Mêlez.

Comme l'écorce de *Quillay*, nous le répétons une fois de plus, doit ses effets aux glucosides qu'elle renferme, et très particulièrement à la saponine, ses effets physiologiques seront indiqués en faisant connaître ceux que produit cette dernière substance.

La saponine est une substance d'action locale irritante, qui paralyse, en plus, les fibres musculaires et nerveuses. A la douleur primitive qu'elle produit, succède une action anesthésique qui n'a pu être utilisée à cause des phénomènes inflammatoires qu'elle réveille sur les muqueuses et les plaies.

« Une fois portée dans le torrent de la circulation, dit Husemann (1), la saponine exerce une action paralysante sur les muscles et sur les nerfs, affectant d'une façon particulière les nerfs du cœur, et les centres paralysateurs, comme les nerfs accélérateurs provenant du nerf sympathique, et faisant cesser, enfin, les mouvements cardiaques.

» Les mouvements du cœur, très retardés dans les empoisonnements par la saponine, sont accélérés par la digitaline ; les contractions devenant plus fortes, l'abaissement de la pression sanguine produit par la saponine disparaît. Avant la paralysie du cœur, se présente la paralysie des muscles des intestins ; la saponine influe aussi rapidement sur le centre moteur, l'excitant d'abord et le paralysant ensuite; le nerf respirateur subit le même effet, les fortes doses

(1) *Manuel de Matière médicale et de Thérapeutique.*

le paralysent instantanément, et les petites graduellement. Dans les empoisonnements par la saponine, la fréquence du pouls descend considérablement de même que la respiration et la température.

« Les convulsions toniques et cloniques qui se présentent après l'ingestion de la saponine, semblent se rapporter aux troubles du cœur et des fonctions respiratoires ; cependant, si on met la saponine en contact avec la moelle des grenouilles, on voit se produire tout d'abord le tétanos, et plus tard la paralysie, qui s'étend du centre à la périphérie. »

Nous connaissons des faits dans lesquels l'ingestion d'une macération d'écorce de *Quillay*, a occasionné la mort des animaux et a causé de graves accidents à plusieurs personnes. Les phénomènes observés ont été les mêmes que ceux décrits scientifiquement par le professeur Husemann sur la saponine.

En plus de l'usage que l'industrie, la vie domestique et la pharmacie font du *Quillay*, son emploi thérapeutique augmente de jour en jour. L'infusion de son écorce ou sa macération prolongée sont employées dans plusieurs affections squameuses et chroniques de la peau ; dans les alopécies, pour donner de la force aux cheveux, et dans tous les autres cas où l'on veut obtenir la propreté de la peau. Comme pectoral, et comme fluidifiant des sécrétions bronchiques, il est, sans aucun doute, supérieur à la *Polygala senega* dans les bronchites, asthmes et dans les affections chroniques. Il serait à désirer qu'on en fît l'essai comme auxiliaire de la digestion des substances grasses, suivant en cela les expériences de laboratoire assez révélatrices de MM. Lebœuf père et fils.

L'infusion de *Quillay* est un remède de grande valeur pour la médecine vétérinaire. On l'applique avec succès dans les campagnes pour les chevaux gras et forts qui, ayant été soumis à un travail forcé, sont tombés malades, appelés alors « *cortados* » fourbus. Le cheval qui souffre de cette affection a une forte diarrhée, les bruits du cœur sont tumultueux et s'entendent à une certaine distance ; la fatigue est telle que l'animal peut à peine se mouvoir, la sueur est abondante et le terme fatal n'est pas éloigné. Quelques livres de *Quillay* en infusion calment les battements du cœur, font disparaître la fatigue et la diarrhée, et la santé revient alors.

Dans la pharmacoée chilienne, le *Quillay* est officinal et a l'honneur d'y figurer avec une préparation spéciale : la teinture du *Quillay* et de goudron, dont la formule suit :

Goudron végétal..........	25	grammes.
Teinture de *Quillay*.......	100	—

On chauffe le goudron au bain-marie, on ajoute la teinture, par petites portions, on agite fréquemment et l'on maintient ainsi le tout une heure et demie. On filtre ensuite.

C'est un médicament utile dans plusieurs affections catarrhales, surtout dans celles de la poitrine et de la vessie.

MUERMO ó ULMO

Eucryphia cordifolia.

Car. Sc., IV, 49, tab. 372. — Gay, I, 351. — D. C. Prodr., I, 556.
Pellina cordifolia, Mol.

Sa taille le place en première ligne parmi les plus grands arbres du pays, il atteint 40 mètres de hauteur pour deux mètres de diamètre, très droit, rameux dans la partie supérieure ; le tronc est glabre, les bourgeons un peu velus ; les feuilles sont abondantes, opposées, oblongues, cordiformes, obtuses et quelquefois marginées, dentées ; les fleurs sont grandes, blanches ; le calice s'ouvre de bas en haut et tombe avant sa floraison.

On le rencontre depuis Chillan, vers le sud, mais surtout à Valdivia et Chiloé où il abonde, dans les lieux humides et boisés ; à Chillan, on lui donne le nom de *Ulmo*, à Valdivia, de *Muermo*.

Le bois de cet arbre est un des plus durs, et on l'emploie principalement pour les constructions navales à cause de sa résistance à l'humidité. On ne peut l'employer pour le pont des navires à cause de la facilité avec laquelle il se fend au soleil; comme bois de chauffage il est de première qualité.

L'écorce du *Muermo* contient une grande quantité de tannin, ce qui la rend utile dans les tanneries et permet son usage en médecine, comme tant d'autres qui ont les mêmes propriétés, et qui sont d'un usage plus ou moins répandu.

CEPACABALLO

Acaena splendens.

Hook. et Arn. — Bot. Misc., III, 306. — Gay, II, 291.

Plante réunie en touffes à racines grosses; les feuilles radicales sont velues, blanches, luisantes, argentées; leur pétiole est aussi velu; fleurs sessiles, disposées en épis interrompus et accompagnées de plusieurs bractées droites-lancéolées, de la même couleur que les sépales; le fruit est d'une forme elliptique, velu et armé d'aiguillons.

« Cette belle espèce, dit Gay, croît dans les plaines de la Cordillère de Santiago, San Fernando, etc., formant sur le sol à une hauteur de 5 à 6000 pieds, des touffes blanchâtres et comme argentées.

Toute la plante peut être utilisée : l'infusion de *Cepalo-Caballo* jouit d'une renommée universelle, administrée en tisane pour les maladies du foie si communes dans le nord et le centre du pays; elle a des propriétés légèrement diurétiques. Les femmes du peuple l'emploient comme emménagogue, et, je crois que c'est sans motif qu'on lui attribue une action abortive; elle est aussi recommandée dans les affections urinaires.

La *Pimpinela Acaena pinnatifida* R. P. s'emploie presque de la même manière; elle est très commune sur les collines de la côte et sur le premier versant de la Cordillère, depuis Aconcagua jusqu'à Osorno, comme on le verra un peu plus loin.

PIMPINELA

Acaena pinnatifida.

R et P. Flor per. et chil., I, 68. — Gay, II, 283. — D. C. Prodr, II, 592. — Myriophylla incisa et pinnatifida, Suid.

De sa racine, longue et mince, sort un ou plusieurs rhizomes très squameux, terminés par une tige simple, droite, un peu velue; les feuilles sont glabres et blanchâtres en dessous, presque glabres et luisantes en dessus; les fleurs forment des épis longs et interrompus; les fruits, disposés comme les fleurs, sont velus, arrondis et sont armés de fortes épines très inégales.

Elle croît depuis les bords de la mer jusqu'aux Cordillères, et on la trouve encore au détroit de Magellan. Elle est aussi connue sous le nom de *Cadorllo*, *amor seco*, et chez les Indiens elle est appelée *Proquin*.

Toute la plante, mais sutout la racine, possède de faibles propriétés astringentes, rafraîchissantes et diurétiques. On l'administre seule ou associée à d'autres plantes de la même nature, comme tisane, dans les états pléthoriques passagers, très fréquents au printemps, lors de la cessation des règles, pour calmer les vapeurs auxquelles sont sujettes les femmes dans cette période de leur vie et dans les aménorrhées.

SABINILLA

Margyricarpus setosus.

R. et P. Flor. per. et chil., I, 28. — Gay, II, 279. D. C. Prodr. II, 591.

Plante ligneuse sous-frutescente, noirâtre, de trois décimètres de hauteur, divisée en nombreuses branches cylindriques, droites et couvertes de feuilles; feuilles imparipennées, alternes, de couleur vert clair; les folioles sont linéaires, aiguës, droites, étroites et luisantes; les fleurs sessiles et axillaires; le fruit est une drupe blanche, charnue, très petite.

Elle croît dans les plaines et les collines arides, et on la rencontre depuis Coquimbo jusqu'à Valdivia.

La racine et les feuilles sont les parties les plus employées en médecine.

On attribue à la *Sabinilla* une propriété diurétique et on l'emploie en infusion. Le docteur Blest et le docteur Aguirre disent l'avoir employée avec succès quand il a été nécessaire d'augmenter la sécrétion rénale. Quelques-uns croient qu'elle peut résoudre les calculs urinaires, ce qui est invraisemblable.

Je fis, il y a quelques années, une série d'expériences sur cette plante, dans l'hôpital militaire, et je parvins à guérir avec ce seul traitement plus de vingt blennorhagies. Je pus en effet me convaincre de ses bons effets diurétiques.

Il est bon de ne pas la confondre avec le *Juniperus sabina*, dont les effets sont tout différents et qui appartient à une autre famille. Cette plante n'a pas été analysée.

SAXIFRAGÉES

ESCALLONIA

Le genre *Escalloma* appartient d'une façon particulière à l'Amérique et a au Chili de nombreux représentants que les naturels confondent fréquemment sous les mêmes noms de *Lun, Mardoño Berraco*, *Coron tillo*, *ipa*, et *Siete Camisas*, à cause de sept petites écorces qui la couvrent.

Arbuste ou arbrisseau assez résineux qui croît dans les lieux humides voisins de la côte, à l'exception des espèces alpines, *Carmélite, Illinite*, etc.

Les caractères distinctifs de ce genre sont : calice uni à l'ovaire, limbe à cinq dents, cinq pétales placés sur le bord d'un disque épigyne ; cinq étamines ; ovaire biloculaire, style simple avec stygmate pelté ; capsule septicide, conservant la colonne placentaire libre.

Nous allons énumérer les espèces les plus communes de ce genre.

E. Pulverulenta Pers., *Mardoño, Lun*, entièrement pubescente ; les feuilles à pétioles courts, elliptiques, obtuses, dentées ; fleurs petites, blanches, disposées en une grappe terminale qui ressemble à un épi. Elle est commune depuis Valparaiso jusqu'à Lota.

. *Illinita* Prest, *Corontilla, Nipa.* — Très glabre ; feuilles oblongues-lancéolées, denticulaires, couvertes d'un vernis visqueux, les fleurs sont blanches, paniculées. Cette espèce est remarquable par l'odeur qu'elle exhale ; elle croît aux bords des ruisseaux dans les terrains basaltiques de San Fernando, Taguatagua, Cauquenes, Valparaiso, Coquimbo, on la recommande spécialement contre les maladies du foie.

E. rubra Pers ; *Siete Camisas, Colorado ;* feuilles ovales-lancéolées, dentées : fleurs disposées en panicules. Elle croît dans les terrains de la côte, depuis Valparaiso jusqu'à Valdivia, où les habitants emploient ses feuilles comme vulnéraires.

E. macrantha, Kook et Arn., *Siete Camisas* (sept chemises) ; arbuste des provinces de Valdivia et Chiloé. Les fleurs, rouges, de cette espèce, sont les plus grandes dans ce genre. Les fleurs et les feuilles du sommet sont employées comme aromatiques, toniques, emménagogues et vulnéraires. On les administre en infusion ; on en fait aussi un baume avec de l'huile dont la propriété est la guérison des blessures.

Toutes les *Escallonias* sont plus ou moins balsamiques, et en conséquence peuvent s'administrer comme stimulants, digestifs et pour diminuer les sécrétions des membranes muqueuses, et spécialement de celles chargées de l'élimination.

Dans les maladies du foie, pour lesquelles elles sont recommandées, elles doivent être employées seulement dans les cas d'atonie digestive, et quand la réaction fébrile n'est pas très accentuée.

L'industrie indigène s'en sert pour la teinture.

PEHUELDÉN

Hydrangea scandens.

Poepp. in D. C., IV, 666. — Poepp. i End. Nov. gen., I, tab. 17. — Gay, III, 48. — Cornidia integerrima, Hook i Arn.

Arbrisseau grimpant qui atteint quelquefois vingt mètres de hauteur, très rameux; feuilles opposées, coriacées, ovales, elliptiques; fleurs petites disposées en nombreux corymbes très rameux et plus longs que les feuilles, de couleur blanche; quatre à cinq pétales concaves, charnus; fruit capsulaire, bi ou triloculaire.

Cette espèce croît en abondance depuis Chillan jusqu'au sud, elle fleurit en décembre.

Le père Pennesse dit que les feuilles, les pousses du sommet et l'écorce du *Pehuelden* sont astringentes, fébrifuges, etc. Il sert pour le traitement des hémorrhagies et les flux du ventre. Il le recommande aussi comme vulnéraire et conseille son emploi en décoction préparée avec deux à quatre onces pour une livre d'eau.

TÉMU

Weinmannia trichosperma.

Cav. Ic., VI, tab. 567. — Gay, III, 45. — D. C. Prodr., IV, 11. — W. chilensis, D. C. — dentata, R. et P.

Cet arbre atteint une hauteur de 20 à 25 mètres, sur un de de diamètre; son écorce est rugueuse et semée de points blanchâtres; feuilles oblongues, discolores et opposées avec de trois à huit paires de folioles oblongues-elliptiques, dentées presque en forme de scie ; pétiole ailé, articulé dans chaque insertion des folioles ; fleurs d'un blanc-rose, disposées en grappes, capsules arrondies, pourvues de plusieurs côtes sortantes qui se terminent en deux pointes presque aussi longues que les fleurs.

Il croît à Valdivia, Chiloé et Concepcion, où on l'apprécie beaucoup comme bois de construction. On le connaît aussi sous le nom de *Tinco* et *Madeu*.

Son écorce, qui contient une assez grande quantité de tannin, est quelquefois employée par les tanneurs. La médecine met en usage les propriétés astringentes et un peu balsamiques de ses feuilles et de son écorce, administrées en infusion dans les diarrhées chroniques, en injections et comme vulnéraire. On l'emploie beaucoup en décoction pour laver les blessures des animaux, les couvrant ensuite avec la poudre de ses feuilles.

PARRILLA

Ribes glandulosum.

R. et P. Flor. per. III, 233. — Gay, III, 33. — D. C. Prodr., III, 481.

Arbuste de 2 à 3 mètres de hauteur, un peu velu dans la partie supérieure, feuilles presque glabres, glanduleuses, ovales, tronquées à leur base, quelquefois en forme de cœur, divisées en trois lobes ovales, garnies à leur bord de dents obtuses en forme de scie ; pétioles presque aussi longs que le limbe, très velus et dilatés vers la base ; les fleurs sont d'un jaune vert, disposées en grappes ; fruits ronds, noirâtres et bien pédiculés.

Il est commun depuis la province de Concepcion jusqu'à Chiloé, où on lui donne aussi le nom de *Muhul,* et au fruit celui de *Uvilla.*

Pennesse dit qu'on peut user les feuilles avec avantage sous forme de cataplasme pour les coups ; sa décoction est rafraîchissante et astringente, utile dans la dysenterie et les hémorrhagies. L'onguent préparé avec une demi-once de la poudre de ses feuilles, pour deux onces de saindoux, est utile pour les éruptions cutanées.

Il est probable que cette espèce de *Parilla* est la *Ribes Valdivianum Ph.*, car le *glandulosum* croît très bien dans les provinces centrales.

LLAUPANGUE

Francoa sonchifolia.

Cav. Ic., VI, 77. — Gay, III, 148. — D. C. Prodr., VII, 777. — Panke sonch. W. — Llaupanke amplissima sonchifolia, Feuill., II, tab. 31.

Cette plante dépasse à peine une hauteur de 50 centimètres : elle est velue, et possède des feuilles abondantes, réunies communément à leur base, sessiles, lisses, un peu velues au-dessus, et beaucoup plus au-dessous ; les fleurs sont blanches, pourpres ou violacées, surtout près de l'ongle des pétales, disposées en grappes peu serrées ; son calice est supporté par quatre parties laciniées lancéolées, aiguës et tri-nervées ; le stigmate est en forme de coin à sa base.

Elle est commune dans tout le centre et le sud du pays ; la racine, astringente, contient du tannin.

Feuillée dit que le jus de cette plante appliqué sur les hémorrhoïdes, en calme les douleurs et les flux immodérés. Les teinturiers, dit-il encore, se servent de ses racines, cuites avec les fruits du *Maqui*, pour teindre en noir. Le jus sert à préparer une sorte d'encre.

Par ses propriétés astringentes, cette plante ressemble beaucoup au *Pangue*, de la famille des *Haloragées*, dont nous allons nous occuper.

HALORAGÉES

PANGUE

Gunnera chilensis.

Lam. Dict. enc. III, 61. — Gay, II, 363. — D. C. Prodr., XVI r., pag. 598. — G. scabra, R. et P. — pilosa, H. B. Kth.

Plante à racine très grosse, fusiforme, de laquelle sortent beaucoup de feuilles rondes, réniformes, qui atteignent une largeur de un mètre de diamètre, très veineuses, rugueuses de chaque côté et partagées en cinq lobes laciniés ou dentés, ces lobes sont parfois plus nombreux ; elles sont soutenues par un long et gros pétiole rugueux ; entre les feuilles naît une hampe florale cylindrique, grosse, munie de petites pointes rugueuses ; elle est longue et terminée par une grappe composée de fleurs très petites et très serrées ; le fruit a la ressemblance d'une petite drupe parce que le calice devient charnu.

Le *Pangue* est très commun dans les endroits marécageux, le long des ruisseaux, près des sources, principalement dans nos provinces australes, où il est très apprécié comme aliment et comme remède. On le rencontre depuis la province de Coquimbo jusqu'à « Tres-Montes. »

« Le *Pangue*, bien connu par ses feuilles, qui sont si grandes qu'elles peuvent servir d'ombrelles, croît dans les bourbiers en grosses touffes. On sort de ces touffes des tronçons qui, une fois bien secs, servent aux tanneries au lieu du *Zumaque* et donnent les mêmes résultats. En le faisant macérer dans du vin une partie de la nuit, et le matin, en donnant ce vin, passé au filtre, aux personnes qui souffrent de dysenterie et d'humeurs, celles-ci sont arrêtées et disparaissent après quelques jours. Administré en lavements, comme je vais le dire, le malade guérit complètement. « Le lavement doit se préparer avec du bouillon de viande mélangé à trois parties de *Pangue* moulu, le tout mêlé à une quantité d'eau équivalente à six lavements, on réduit le tout en un seul clystère que le malade doit retenir le plus longtemps possible, et il guérit alors rapidement. — ROSALES. »

Feuillée dit que le *Pangue* est employé comme rafraîchissant, et que les pétioles de ses feuilles se mangent après qu'on en a ôté l'écorce. Les teinturiers emploient sa racine pour teindre en noir, et les tanneurs pour tanner les cuirs.

« Le *Pangue* est très commun dans les terrains bourbeux, dit Gay, le long des petites rivières, des torrents et sur la pente des ravins humides. C'est une plante, grandiose par la force de ses tiges et de ses feuilles, et de grande utilité en raison de ses excellentes propriétés acidulées et astringentes que la médecine et les arts savent utiliser. Les feuilles, bien cuites, placées sur la partie inférieure des épaules ou sur les reins, diminuent l'ardeur de la fièvre, et en décoction sont très rafraîchissantes ; on l'emploie quelquefois dans les campagnes les jours de grande chaleur ; mais les pétioles ou *nalcas*, sont généralement préférés ; on les mange cuits après leur avoir retiré la première écorce ; leur goût est doux, un peu acidulé, et très agréable, surtout employés sous forme de glace. Les tiges ont le même usage, comme aussi les racines, quoique moins appréciées à cause de leur dureté et du peu de jus qu'elles contiennent ; elles sont aussi beaucoup plus astringentes. En décoction, on les emploie avec succès pour combattre les diarrhées, les hémorrhagies et autres maladies du ventre ; les teinturiers les emploient pour donner un beau noir à leurs tissus ; les tanneurs pour tanner les cuirs, pouvant, dans ce cas, remplacer avec grand avantage toutes les écorces en usage dans la tannerie ; sous ce point de vue, le *Pangue* pourrait être cultivé dans les bourbiers ou bas-fonds des provinces du Sud. On donne vulgairement le nom de *Pangue* ou *Nalca* aux parties qui se mangent ; les Indiens donnent quelquefois aux bourgeons le nom de *Pampancallhue*. »

En médecine, on emploie presque exclusivement la racine, qui est un vrai rhizome et qui contient une forte dose de tannin, et très peu de substance gommeuse. On le présente dans le commerce en disques ronds, irréguliers ou elliptiques, de cinq à dix centimètres de diamètre, quelquefois plus, et d'un demi à deux centimètres d'épaisseur, couverts en dehors d'une couche brun jaunâtre, à l'intérieur ils sont d'un jaune clair, légers, fragiles, et d'une saveur astringente peu amère. On les emploie en général en infusions.

Cette plante, connue presque uniquement sous le nom de *Pangue*, et non *Panque*, comme quelques auteurs la dénomment, est un des astringents les mieux justifiés par l'usage journalier qu'en fait la médecine du Chili où elle est officinale. De là son emploi si généralisé dans les diarrhées, dysenteries chroniques, dans les leucorrhées, flux, métrorrhagies et métrites, selon la force de concentration; elle produit aussi de bons résultats dans les angines tonsillaires et autres maladies de la gorge et de la bouche, particulièrement dans le scorbut et la stomatite mercurielle. Les femmes publiques l'emploient en injections et bains des parties génitales, dans le but de donner de la vigueur et de la résistance aux fibres affaiblies de ces organes.

Le *Pangue* est un des médicaments les plus en usage dans la médecine gynécologique, administré en injections abondantes à cause de ses propriétés toniques, fortifiantes et astringentes.

Nous n'avons rien à ajouter à ce qui a été dit de ses qualités appliquées à l'industrie.

MYRTACÉES

CHEQUEN

Eugenia cheken.

Hook et Arn. Bot. Beech., 56. — Bot. Misc., III, 320. — Gay, II, 390. — Myrtus chequen, Mol. — Myrtus luna, Schauer. — M. dives, Kzc.

Le *Chequen* est un arbuste qui ressemble beaucoup à l'*Arrayan* (myrte). Il est assez commun dans les forêts des provinces centrales du Chili, dans lesquelles on le voit suivre le cours des eaux de sources et des petites rivières. Dans le nord, on lui donne quelquefois le nom de *Barraco*, et dans le Sud celui de *Nipa*, par erreur, parce que le plus commun et propre à cette espèce est le nom de *Chequen*.

Arbuste élevé, rameux, feuilles larges et courtes, ovales et aiguës, opposées, à pointes translucides, entières, marquées sur la partie inférieure par une nervure moyenne saillante; les fleurs sont blanches, axillaires et solitaires : le calice a quatre divisions obtuses, entourées de petits poils courts; quatre pétales obtus, un peu plus courts que les étamines qui sont très peu abondantes; style simple; baie à trois lobes, et un grand nombre de graines réniformes.

Il a été étudié sous le point de vue chimique par M. Hutchison, professeur et membre de la Société de pharmacie de Londres, et sous sa forme thérapeutique par William Murrell du London Hospital, et par le docteur E. Dessauer, de Valparaiso (1). J'ai eu moi-même l'occasion de l'employer souvent, dans ces dernières années; sa préparation est officinale et son sirop se trouve en vente dans plusieurs pharmacies.

(1) *Gaceta médica de Valparaiso*, 1879. Paj. 101 i siguientes.

Le *Chequen* est très aromatique ; son odeur balsamique parfume l'atmosphère et se répand à une certaine distance. Les glandes nombreuses, qui couvrent ses feuilles et même ses tiges, indiquent qu'on leur doit ce parfum, plus prononcé dans les lieux où il croît, le matin et à la tombée du jour.

Les parties dont on fait usage sont les feuilles dans lesquelles résident ses principaux éléments ; on emploie aussi les petites branches.

Le *Chequen* contient :

1° Un principe astringent qui fournit un précipité noir bleuâtre avec les sels de fer qui le fait classer comme ressemblant à l'acide gallo-tannique.

2° Une huile éthérée, inflammable, semblable à celle du myrte.

3° Un alcaloïde particulier.

« Désirant savoir si le *Chequen* contenait un alcaloïde commun, dit Hutchison, je n'obtins aucun résultat ; mais je réussis en ajoutant du phosphomolybdate d'ammoniaque ; il se produisit alors une couleur verte, brillante, passant à une couleur bleue en ajoutant de l'ammoniaque pur ; en même temps il se forma un précipité abondant. L'ammoniaque pur donna aussi un précipité également abondant.

» L'huile volatile brûle avec une lumière blanche, brillante ; son poids spécifique est moindre que celui de l'eau, et son odeur, très ressemblante à l'huile du genévrier. »

Les préparations pharmaceutiques du *Chequen* sont :

1° L'eau distillée ;

2° L'infusion des feuilles ;

3° L'extrait fluide obtenu d'après la méthode que donne la pharmacopée des États-Unis d'Amérique pour la cinchone.

4° Un sirop.

Le docteur Dessauer faisait préparer le sirop, dans la proportion d'une partie de feuilles pour deux parties de sirop de sucre, que je considère trop forte et d'un goût désagréable. Il employait aussi fréquemment la formule suivante :

R Extrait fluide de *Chequen* .... 100 grammes.
Sirop de *Chequen*.......................... 50 —
M A prendre par cueillerées.

L'extrait fluide se donne par dose de 5 à 10 grammes, mêlé à l'eau sucrée; le sirop, une cuillerée de 15 à 20 grammes, 3 ou 4 fois par jour.

On emploie aussi les feuilles en inhalations chaudes.

« Les préparations du *Chequen*, à l'usage interne, ont une saveur amère aromatique, un peu âcre, et déterminent, comme les préparations balsamiques chargées d'essences, une excitation modérée de l'estomac et de l'organisme en général. Son élimination s'effectue par les voies respiratoires et urinaires.

« J'ai fait, avec l'extrait fluide, dit Murrel, de nombreuses expériences, et je puis en parler dans les termes les plus flatteurs. Je l'ai employée, principalement, dans la bronchite chronique et aiguë avec forte toux, l'administrant à la dose de 8 à 15 grammes, avec de l'eau, tous les trois quarts d'heure, et sur 30 ou 40 cas que j'ai traités, tous ont été très satisfaisants.

» Le *Chequen* est un expectorant et soulage la toux.

» Je n'ai jamais vu son usage avoir le moindre inconvénient, et les malades le prennent sans difficulté aucune.

» Je suis convaincu que l'introduction de ce médicament a été un bienfait pour la médecine. »

Suivant le docteur Dessauer, ce remède augmente sensiblement l'expectoration, calme la toux, stimule l'appétit, facilite la digestion, et comme diurétique il débarrasse les reins et tout le système uropoïétique de l'excès des sels et sécrétions blennorrhagiques, en les diminuant. Il considère son usage, d'une grande utilité dans les affections rénales, dans les leucorrhées et blennorrhagies.

La composition du *Chequen* étant connue, et, considérant les principes toniques et balsamiques qu'il contient, comme aussi le principe amer qui l'accompagne, il est facile de prévoir qu'il doit être, comme il l'est en effet, un agent dont l'action est puissante dans les bronchies, dans la phthisie, asthme, broncorrhée, etc. On sait que les huiles volatiles s'éliminent par les bronches; et, comme l'huile volatile du *Chequen* est assez abondante, il n'est pas étonnant de voir son action si marquée dans toutes ces affections. C'est dans ces maladies que j'ai eu l'occasion de l'employer le plus souvent, et j'ai toujours obtenu les résultats les plus satisfaisants. Des effets pareils, mais, pas aussi positifs, s'obtiennent dans les catarrhes de la vessie, et sécrétions anormales de l'urètre.

Je ne crois pas à l'action diurétique, qu'antérieurement je lui ai attribuée; mes observations postérieures ne me permettent pas de le considérer comme tel, mais, je crois que son principe amer, dans beaucoup de cas, excite l'appétit et peut faciliter la digestion.

Les gens du pays l'emploient encore en bains tièdes, préparés par décoction de cet arbuste, dans les rhumatismes chroniques, à titre d'aromatique.

ARRAYAN

Eugenia apiculata.

D. C. Prodr., III, 276. — Gay, II, 398. — E. luna, Berz. — Myrtus luna, Mol. — M. elegantula, Poepp, etc.

Arbrisseau de quelques mètres de hauteur, pubescent, à écorce rouge; à feuilles ovales, opposées, coriacées, très entières, blanchâtres et avec des nervures en-dessous, vertes en-dessus, terminées en pointes aiguës; trois fleurs blanches, dont deux sont pédicellées, et celle du milieu presque sessile, supportée par un pédoncule axillaire; le calice a quatre divisions et deux petites cellules et une graine réniforme dans chacune.

Il croît principalement sur les collines des provinces australes. Cette espèce se compose de nombreuses variétés, quelques-unes avec pédoncules uniflores, et d'autres, à la fois, uniflores et triflores.

On apprécie également, dans le pays, cet *Arrayan*, comme son congénère d'Europe. Ses propriétés aromatiques et légèrement astringentes le font employer comme stimulants, balamique, vulnéraire et modificateur des muqueuses.

Molina dit qu'avec ses baies on fait une liqueur, et que ses racines sont astringentes et employées contre la dysenterie.

Son bois est peu apprécié, malgré sa dureté, car il se pourrit à l'humidité.

PETRA

Myrceugenia planipes.

Berg. Linnea, XXVII, 161 — XXX, 670. — Gay, II, 392. Sub nomine Eug. planipes.

Arbrisseau, qui atteint quelquefois 10 mètres de hauteur, glabre, avec branches nouvelles et pédoncules floraux pubescents ; feuilles assez larges, oblongues, aiguës, pâles en dessous avec une nervure prononcée au milieu, vertes en dessus et glabres ; il possède deux à trois fleurs blanches sur un pédoncule commun dans la partie axillaire des feuilles formant une espèce de sommet par leur réunion ; le fruit est une baie glabre, noirâtre, couronnée par les dents du calice, avec trois cellules, qui contiennent chacune deux ou trois graines.

Il croît dans les provinces du Sud, près des petites rivières, dans les lieux humides, et particulièrement dans les bois de Valdivia et de Chiloé, où, à certaines époques de l'année, il embaume l'air de ses parfums aromatiques. Le fruit est comestible, sa saveur est agréable et douce ; les Indiens le nomment *Mitahue*.

Ses qualités balsamiques le font apprécier comme vulnéraire et même anti-syphilitique, par l'emploi du cœur et de l'écorce. Ses propriétés sont, plus ou moins, les mêmes que celles des autres Myrtacées.

MURTILLA

Ugni Molinæ.

Gay, II, 379. — Jurez. Flora, XXXI, 711.

Arbuste de un à deux mètres de hauteur, élégant et rameux ; les feuilles sont assez grandes, pourvues d'un pétiole très court, coriacées, ovales, un peu aiguës, entières, opaques, reluisantes en dessus ; pédoncules fleuris, solitaires, simples fleurs blanches assez grandes ; la baie est rouge foncé, soudée au calice et formée de quatre cellules, dans lesquelles se trouvent beaucoup de graines luisantes, réniformes et petites.

« Il est excessivement précieux, dit Gay, par l'élégance et l'abondance de son feuillage et la saveur douce et aromatique de ses fruits. Il mérite une attention particulière des jardiniers et des horticulteurs qui trouveraient en lui un arbuste très propre à l'ornement des bordures de leur potager, remplaçant avantageusement le buis qui n'a que l'avantage de posséder un feuillage toujours vert. Le climat de Santiago est trop sec pour sa culture ; mais dans le Sud, à Concepcion, et, bien mieux encore à Valdivia et Chiloé, il pourrait devenir l'ornement des jardins. Il est abondant dans les provinces de Chiloé, Valdivia et Concepcion, on le voit jusqu'au 36° degré. Les habitants donnent le nom de *Murtilla* à ses fruits, et les Indiens celui de *Uñi ;* ils les mangent avec grand plaisir et en font des confitures agréables et aromatiques. »

A Valdivia, on donne le nom de *Murta* à cet arbuste, et à Concepcion celui de *Murtilla.* Les Indiens les connaissent sous celui de *Uñi.*

Rosales dit que : « la *Murtilla*, comme grandeur est un pygmée, mais par ses vertus, un géant. Cet arbuste s'élève à une hauteur de une vare et demie, et un peu plus, sans tronc pour s'appuyer. — Il ressemble beaucoup à la *Murta* ou aux *Majuelas* d'Espagne par sa couleur, par ses feuilles et par son fruit; ses grains sont cependant un peu plus grands, très rouges et couronnés, devant être considérés comme rois des autres grains sylvestres par leur couleur pourpre, leur couronne, leur saveur, leur odeur et leur finesse.

» Cette plante est citée par M. Antonio de Herreros, historien des Indes, et par Juan Laet. Elle tonifie l'estomac, et mise dans l'eau chaude, sans aucune autre préparation, on fait un excellent vin, doux et agréable, qui fermente pendant plus de quarante jours et conserve sa force et sa vigueur jusqu'à un an ou deux. Dans les anciennes villes de Valdivia et d'Osorno on le consommait beaucoup, à cause de la grande rareté du vin; mais dans les autres villes, qui ont beaucoup de vignes, on n'en fait pas grand cas; cependant, on en mange les grains avec plaisir et on en boit aussi le vin. »

On est dans la vérité quand on dit qu'aucun fruit sylvestre n'est aussi agréable que la *Murta*. Aujourd'hui, néanmoins, on n'en fait pas le même usage qu'autrefois. Les propriétés médicinales de ses autres parties sont les mêmes que celles de toutes les myrtacées, raison qui nous fait nous abstenir de les énumérer.

Dans les diverses espèces de cette famille, qui ont tant de représentants au Chili, les deux suivantes méritent une mention toute spéciale.

Myrtus luma, Gay. — La *Luma*, si connue par la dureté de son bois presque égale à celle du fer, et par ses fruits agréables appelés *Cauchanes*.

Eugenia Temu, Hook et Arn. — Arbre très beau, assez grand, qui croît depuis la rivière Teno jusqu'à Puerto-Montt, très apprécié par son bois excessivement dur, qui est susceptible d'un beau poli.

Ces deux espèces possèdent les qualités aromatiques stimulantes et astringentes des autres espèces mentionnées et sont en usage et appréciées dans la médecine de la campagne.

ONAGRARIÉES

METRUN

Olnothera Berteriana.

Spach. Monagr. 25. — Gay, II, 334.

Plante velue, presque toujours simple, de 60 à 80 centimètres de hauteur; les fleurs sont lancéolées, aiguës, un peu dentées à distance, de couleur vert-cendré; les fleurs sont grandes, jaunes, remplies d'une poudre abondante qui est le pollen; les étamines sont pourvues d'anthères d'une longueur presque égale à la moitié de leur grandeur, et sont dominées par un style dont le stigmate est presque égal aux anthères ; la capsule est presque tétragone, s'amincissant près de son sommet; les graines sont ovoïdes, grisâtres et lisses.

Cette espèce, et autres du même genre, sont connues sous les noms de *Metruvia*, *on Diego de Noche* et *Flor de Noche*, à cause de la propriété qu'ont leurs fleurs de s'ouvrir à l'entrée de la nuit et de se fermer le matin. On les cultive dans quelques jardins pour la beauté de leurs grandes fleurs jaunes ; elle croît depuis Coquimbo jusqu'à Osorno, dans les terrains pauvres et sablonneux.

C'est une des plantes dont la renommée est des plus grandes comme vulnéraire ; on l'emploie en décoctions pour lotions dans les cas de blessures et contusions. Les feuilles s'emploient aussi pour unir par première intention les petites solutions de continuité. Sous forme de lavement, elle est recommandée contre les rectites et dysenteries ; pour l'usage externe, comme émolliente et balsamique dans les diarrhées et abcès des viscères.

COLSILLA

Olnothera acautis.

Cav. Ic., IV, tab. 399. — Gay, II, 336. — D. C. Prodr., III, 49. — Ol. mutica, Spach., grandiflora, R. et P.. ete.

Cette plante varie par son aspect et son feuillage, parce qu'elle fleurit dès la première année sans donner de tiges ; l'année suivante, les tiges sortent tordues, un peu étendues, avec quelques petits poils blancs et courts ; les feuilles sont tomenteuses, dans les deux cas pennifides, à lobes dentés et sinueux. Les fleurs sont très grandes, blanches, et prennent une couleur rose en se flétrissant ; les capsules sont oblongues ovoïdes.

Elle est connue sous les noms de *Calahuala, Rodalen, Colsilla*, et *Yerba de la apostema*. Cette plante est commune dans les provinces centrales et dans quelques provinces australes, depuis les bords de la mer jusqu'aux Cordillères andines.

Ses feuilles et ses racines (que quelques-uns considèrent plus médicinales à mesure qu'on avance dans le Sud) jouissent de la renommée de vulnéraires et s'emploient, soit en lotions pour blessures et ulcères, soit à l'intérieur pour éviter les abcès qui proviennent de coups et contusions. On les recommande aussi pour les abcès et suppurations internes, en infusion ou tisane, les croyant de grande utilité.

La *Colsilla* ou *Calahuala* possède des propriétés diurétiques et légèrement astringentes, comme toutes les autres plantes qui ont la renommée d'augmenter la sécrétion urinaire.

Il ne faut pas confondre cette plante avec la *Gonophlebium Synammia*, de la famille des Polypodiacées, connue aussi sous le nom de *Calaguala.*

CHILCO

Fuchsia macrostemma.

R. et P. flor. per, III, tab. 324. — Gay, II, 351. — D. C. Prodr., III, 37. — F. decussata, Grah, gracilis. Lind.

Cet arbuste ne s'élève ordinairement qu'à une hauteur de deux mètres et demi ; il atteint quelquefois, dans le Sud, les proportions d'un arbre, il est rameux ; les feuilles sont ovales ou ovales-lancéolées opposées ou réunies de trois en trois en verticilles dentés ; les fleurs sont grandes, tombantes ; le calice est renversé avec les segments droits et pointus ; les pétioles sont violacés et ovoïdes, les étamines rosées plus grandes que les pétales, le pistil est long et de la même couleur.

Il croît dans toutes les provinces centrales et australes du pays, on le voit servant d'ornement dans les jardins. Il est aussi connu des jardiniers d'Europe qui l'apprécient beaucoup comme plante d'ornement. Comme nous l'avons déjà dit, il atteint quelquefois dans le Sud les proportions d'un arbre ; on lui donne alors le nom de *Chilcon.*

Les fleurs sont appréciées comme rafraîchissantes et s'administrent en tisane. « Une livre de ces fleurs, dit Pennesse, dans un demi-galon d'eau froide, avec 40 à 60 gouttes d'acide sulfurique, produit une teinture particulière qui, en y ajoutant de 2 a 3 livres de sucre raffiné, forme un sirop très délicat et très frais qui peut s'administrer contre les fièvres en guise de limonade. »

On emploie aussi les feuilles et même l'écorce, on leur attribue des propriétés diurétiques, rafraîchissantes et fébrifuges.

Semblable au grenadier, disait, il y a de cela longtemps le Père Rosales, est le *Chilco,* et pour la rétention d'urine c'est la meilleure médecine qu'on puisse trouver ; on fait cuire ses feuilles, et en en buvant l'eau chaude les voies urinaires s'ouvrent avec efficacité.

Très ressemblante à cette espèce, est la *F. coccinea*, qui jouit des mêmes propriétés.

CACTÉES

QUISCO

Cereus quisco.

Gay, III, 19.

Plante d'aspect élégant, qui atteint cinq mètres de hauteur sur 15 centimètres de circonférence, droite, rameuse, avec 14 à 15 côtes, branches élevées, et de belles fleurs blanches, volumineuses, les aiguillons ou épines sont grisâtres et forts.

Elle est commune depuis Copiapo jusqu'à la rivière Maule et croît de préférence sur les montagnes et les collines. Ses fruits, connus sous le nom de *Guillaves*, sont mucilagineux, doux, agréables, rafraîchissants et remplis de graines nombreuses et petites. Son bois, très léger, est un bon combustible et s'enflamme avec rapidité.

La famille des Cactées se distingue principalement par les qualités émollientes que possèdent les espèces qui lui appartiennent. Ces plantes, toutes originaires d'Amérique, appellent l'attention des botanistes par l'originale disposition de leurs tiges et le manque absolu de feuilles ; toutes contiennent une abondante quantité d'un jus mucilagineux, exploité généralement à cause de ses propriétés émollientes, préparé, soit en cataplasmes, soit en tisane ou en lavements.

Le genre *Cereus*, connu sous le nom de *Quisco*, dont l'espèce décrite est le plus haut représentant au Chili, est employé par les indigènes en lavements, pour les inflammations du rectum, dans les dysenteries aiguës, comme aussi dans les fièvres (on l'administre alors en tisane) pour ses qualités rafraîchissantes et émollientes; et sous le point de vue de cette vulgaire application, j'ai vu obtenir les plus heureux résultats.

On pourrait obtenir de son bois un charbon léger qui s'utiliserait avantageusement comme absorbant, et par son action mécanique dans plusieurs affections du tube digestif.

M. Théodore Philippi, dans une communication dirigée à la Faculté des sciences physiques (1) disait : « L'analyse des *Quiscos* peut devenir d'un intérêt très grand, tant pour les sciences naturelles que pour les arts, si on examine séparément le contenu des cellules et la substance cellulaire.

» Les *Quiscos* renferment une grande quantité de cristaux microscopiques d'oxalate de chaux, en forme de prismes quadrangulaires terminés en octaèdres. Il serait nécessaire de séparer ces cristaux de la matière qui remplit les cellules, et aussi, de la substance cellulaire; vu la très grande différence qui existe entre les trois parties de cette plante, en vérifiant bien cette différence, il en pourrait résulter des observations très importantes qui nous indiqueraient ce qui doit se passer dans l'intérieur des cellules durant la vie de la plante.

« Aucune autre famille, peut-être, n'offre les mêmes facilités que les *Quiscos* pour ce genre d'analyse à cause de la quantité considérable d'oxalate de chaux qu'ils contiennent; il serait aussi intéressant d'analyser, séparément, les épines. L'oxalate de chaux qu'on pourrait retirer des *Quiscos*, de la même manière dont on extrait l'amidon des pommes de terre, pourrait être très utile pour les arts. On sait que les couleurs blanches employées jusqu'à ce jour ne conservent pas leur pureté et s'obscurcissent par la plus légére quantité d'acide sulfhydrique répandu dans l'atmosphère. »

M. Field a étudié la composition des cendres du *Quisco* et dans

(1) Voyez, pour cette citation, et celle de M. Field, les *Annales de l'Université*, 1859 — pages 213 à 219.

une analyse très exacte, présentée à la Faculté des sciences, il a démontré que chez elles prédominent les carbonates alcalins et les terres de la même nature.

En unissant les substances solubles avec les insolubles, pour faire son calcul, et en supprimant l'acide carbonique, le charbon et les sables, il a obtenu, comme composition des cendres, le résultat suivant :

Acide sulfurique	6.094
Chlorure	14.869
Potasse	7.822
Soude	28.196
Acide phosphorique	6.404
Acide silicique	16.486
Phosphate de fer	1.384
Chaux	10.619
Magnésie	7.717
Oxyde de manganèse	529
Total	99.920

La présence de l'acide oxalique dans le *Quisco* vient corroborer l'emploi heureux qu'en fait la médecine domestique.

FICOÏDEÉS

DOCA

Mesembryanthemum chilense.

Mol. Hist. Nat., 2me édit., 133. — Gay, III, 7

Plante à tige glabre, couchée sur le sol, verte, qui devient rouge en se desséchant; elle a près d'un mètre de longueur et se divise en branches opposées; les feuilles sont charnues, opposées, unies à leur base, triangulaires, prismatiques, de 4 à 7 centimètres de longueur, lisses; les fleurs sessiles, solitaires au sommet des rameaux et de couleur rose pourpre; les pétales sont très nombreux, linéaires, très étroits et aigus à la pointe. Le fruit est une capsule charnue couverte par le calice.

Les fruits de cette plante, qui croît dans les sables, aux bords de la mer, depuis Coquimbo jusqu'à Rio Bueno sont comestibles, et ont un goût agréable; mais ils jouissent d'une propriété purgative très prononcée si on les consomme en abondance. On les utilise quelquefois dans ce but. Feuillée leur attribue un effet drastique et les considère comme un purgatif de grande activité, ce que je crois un peu exagéré.

OMBELLIFÈRES

LLARETA

Azorella madreporica.

Closs. — Gay, III, 79.

Bolax glebaria.

Comm. Gand. Ann. Sc. nat., V, 104 — Gay, III, 87 — DC. Prodr., IV, 78. — Azorella glebaria, Gray.

Laretia acaulis.

Hook. Bot. Mis, I, 329, Tab. 65. — Gay, III, 106. — Selinum acaule, Cav. — Mulinumle acau., Pers.

Toutes ces espèces sont connues dans le pays sous le nom de *Llareta.* Elles croissent toutes dans la Cordillère, où on les trouve à une hauteur de 11,000 pieds au-dessus du niveau de la mer. La première espèce mentionnée, est particulière aux provinces du Nord, les autres se rencontrent dans les autres provinces et on les trouve jusqu'à la « Terre de feu. »

On en tire une résine transparente, d'une odeur agréable, balsamique, et très appréciée dans la médecine des campagnes. Elle est employée comme stimulante, stomacale et vulnéraire. Les propriétés balsamiques de ces espèces les font préconiser contre les catarrhes pulmonaires, gonorrhées, cystites et autres maladies des organes uropoiétiques.

Jusqu'à présent aucune analyse n'a été faite de ces plantes, qui forment, dans les Cordillères, de belles touffes de grande étendue, d'où on pourrait retirer avec facilité la résine que leurs feuilles et leurs tiges laissent échapper.

CAUCHA

Eryngium rostratum.

Cav. Ic., VI, p. 34, I, 552. — Gay, V, p. 117.

Herbe qui atteint un mètre de hauteur, la tige striée, ramifiée vers son extrémité ; les feuilles sont radicales, oblongues, dentées dans leur circonférence, celles du centre pennifides et florales pennées ; les capitules sont globuleux, ternaires, avec un involucre de dix folioles presque ailées, alternativement plus longues ; le réceptacle garde à son sommet, au lieu de pailles, environ 6 à 8 longues épines.

Cette plante est très commune depuis Talca jusqu'à la rivière Cautin, elle jouit d'une grande renommée dans l'Araucanie, pour combattre les conséquences de la piqûre de « l'araignée venimeuse » (*Labrodectes formidabilis*) qui abonde dans ces régions.

Les habitants usent quelquefois, dans leurs voyages et travaux, la *Caucha* moulue, renfermée dans une petite poche, et, quand l'araignée les a mordus, où, suivant leur expression quand ils ont été « piqués » par elle, ils prennent du remède, une pincée de trois doigts, ils la mâchent, avalent la salive, et ils affirment qu'au bout d'une demi-heure, toute douleur a disparu, sans crainte d'aucune complication.

PANUL

Ligusticum panul.

Bert. D.C. Prodr., IV, 609 (par erreur de copie Pansil). — Gay, III, 131.

Plante rameuse ; elle a près d'un mètre de hauteur ; sa tige quelquefois courte et couchée. Elle se partage presque toujours en trois branches élevées et terminées par une ombelle. Cette ombelle est sans involucre, ni involucelles ; elle est composée de 7 à 11 rayons élevés et a de 6 à 10 lignes de longueur ; les pétales sont longs et recourbés en dedans ; le limbe du calice n'est pas apparent.

Elle est assez commune dans les provinces du centre, où on utilise ses racines et ses feuilles. On lui attribue des propriétés adoucissantes et légèrement astringentes.

La racine du « *Panul* » infusée dans l'eau bouillante s'emploie comme dépuratif du sang, et mêlée à des tranches de « coing » produit une tisane agréable et rafraîchissante.

Les Chiliens se servent aussi du *Panul*, dans les maladies aiguës et superficielles de la peau, et pour combattre la sueur des phthisiques ; on l'administre dans ce dernier cas, en décoction. La teinture du « *Panul* » mêlée avec de l'eau, et aspirée fréquemment par les narines, jouit d'une grande renommée contre la céphalalgie ; on dit qu'elle fait descendre le sang de la tête et dissipe les douleurs.

Il serait bon de mentionner ici le *Conium maculatum*, Lin., *Cicuta*, et le *Fœniculum vulgare*, Gaer, *Hinojo*, qui croissent spontanément au Chili, comme mauvaises herbes, et dont les usages sont les mêmes qu'en Europe.

RUBIACÉES

RELBUN

Galium relbum

Endd. Gen. — Gay, III, 186. — Rubra relbum, Cham et Schlechl. — Rubiastrum, Feuill.

Plante herbacée, un peu velue, à racine rougeâtre, très fibreuse, cylindrique, donnant issue à de nombreuses tiges de 15 à 20 centimètres de longueur, faibles et peu élevées; les feuilles sont verticillées par quatre, ovoïdes-oblongues, les pédoncules simples, axillaires, portant d'une à trois fleurs, terminées par quatre bractées ovales-oblongues, ciliées; le fruit est un peu charnu, rouge, globuleux.

Cette plante est commune depuis la province d'Aconcagua jusqu'à Chiloé. Sa racine fournit une matière excellente pour la teinture, semblable à la garance d'Europe. Avec une bonne culture on pourrait faire grossir davantage sa racine qui servirait alors à l'industrie. Elle renferme une certaine quantité de tannin, ce qui la fait employer comme astringent dans les affections de la vue, diarrhées et selles sanguinolentes.

L'historien Rosales dit qu'on l'emploie beaucoup dans la teinturerie et que les bas teints avec le *Relbum* préservent du *mal de la goutte* et font cesser les crampes des jambes. Pour les engorgements de la rate c'est un breuvage admirable, et administrée en lavements, on obtient la disparition des selles sanguinolentes, en faisant une décoction avec l'aide des racines de consoude.

Mon frère, le docteur Guillermo Murillo, emploie l'infusion des racines et des feuilles, la recommandant comme un excellent diurétique; il dit qu'elle agit en produisant une augmentation de la tension artérielle. Il l'ordonne, en conséquence, dans les cas d'œdèmes généralisés, et dans ceux qui dépendent d'un manque d'action cardiaque.

QUELLIGUEN CHUCAON

Nertera depressa.

Banks Gaerta fruct., I, 124. — Gay, III, 201, tab. 34. — D. C. Prodr., IV, 451. — *Repens*, R. et P. — *Cunina* Sanfuentes, Gay, et autres synonymes qui peuvent se voir dans les prodromes de D. C.

Petite plante à tige traînante, filiforme, un peu longue, laissant sortir par la partie inférieure de ses nœuds quelques radicules très minces et rameuses, et, dans la supérieure, des feuilles et des petites branches très courtes; les feuilles sont opposées, orbiculaires-cordiformes, lisses, supportées par des pétioles un peu plus courts que le limbe; les fleurs sont solitaires à l'extrémité des branches, sessiles et entourées par les feuilles, blanches, avec deux petites bractées très aiguës à leur base; le calice se réduit à un rebord à peine apparent; la corolle est courte, partagée en quatre divisions; la baie charnue, très glabre, didyme, d'une couleur rouge vif.

Plante très commune dans les prairies maritimes des provinces australes, où elle forme de grosses touffes. M. Philippi père, qui a séjourné pendant plusieurs saisons à Valdivia, n'a pas rencontré l'espèce décrite par Gay sous le nom de *Cunina Sanfuentes*, qui, au dire de cet auteur, y est très commune, tandis que celle que nous décrivons ici est, en réalité, si commune, que nous les confondons et les considérons comme synonymes.

Cette plante est très appréciée par les gens de la campagne; incorporée au saindoux, on en fait un onguent; elle est très vantée, et on l'applique sur toutes espèces d'ulcères et blessures de mauvaise nature.

VALÉRIANÉES

La famille des *Valérianées*, selon R.-A. Philippi, a de nombreux représentants en Europe et dans l'Asie tempérée, mais surtout au Chili, au Pérou et dans l'Équateur; son absence est presque complète sous les tropiques, dans la Nouvelle-Hollande et au Cap de Bonne-Espérance.

En réalité, le Chili possède de nombreuses espèces de valérianées qui lui sont propres, dont les racines odorantes indiquent bien clairement leur nature et leurs propriétés. Elles croissent sur presque toute l'étendue du territoire chilien; on distingue surtout celles qu'on trouve à Valdivia (*Valeriana corduta* Ph.?), parce qu'elles renferment une assez grande quantité d'essence et d'acide valérianiques.

Les botanistes et pharmaciens chiliens connaissent surtout la *Valeriana papilla* Bert, connue dans le pays sous le nom de *Papilla*. C'est une plante vivace, à tige simple, grosse, de 30 à 60 centimètres de hauteur; les feuilles sont presque toutes radicales, de 7 à 8 centimètres de longueur, rarement entières, fréquemment composées de 5 à 7 paires de segments oblongs; les fleurs sont blanchâtres; les fruits grands, velus. Elle est commune sur les collines des provinces centrales. La *Papilla* a joui parmi nous d'une certaine renommée, pour avoir été recommandée par erreur, par M. Vincente Bustillos, comme très efficace contre la leucorrhée. Pour ma part, je ne connais personne qui en ait fait usage pour cette maladie.

Les propriétés des *Valérianées* comme anti-spasmodiques et emménagogues étant bien connues, et leur emploi si généralisé, il est étrange que nos pharmaciens ne lui aient pas accordé une plus grande attention. Je me borne aujourd'hui à rappeler à leur souvenir toute l'importance qu'on pourrait donner aux espèces que nous possédons de cette précieuse et utile famille.

SYNANTHÉRÉES

TAYU

Flotowia diacanthoïdes

Less. Syn., p. 95. — Gay, III, 282. — D. C. Prodr., VII, II. — Poepp. et Endd. Nov. Gen., tab. 32. — Piptocarpha diacanthoïdes, Hook et Arn.

Arbre qui peut atteindre une hauteur de 15 à 18 mètres, divisé en nombreuses branches cendrées, striées, velues quand elles sont jeunes; les feuilles sont ovales, entières, alternes, coriacées, vertes, terminées par un aiguillon droit; les pétioles sont cannelés par dessus et accompagnés, à la base et de chaque côté, d'une épine droite, forte, d'un centimètre et demi de longueur; le capitule est solitaire à l'extrémité des branches.

Cet arbre appartient aux provinces du Sud, où, sans être commun, on le connaît sous les noms de *Tayo*, *Tayu* ou *Palo Santo* (bois saint).

M. Julliet s'exprime de la façon suivante sur les épines de cet arbre, que l'on emploie pour guérir les verrues :

« On traverse la base d'une verrue, malgré l'existence de beaucoup d'autres, avec trois ou quatre épines. Peu de temps après survient une inflammation suivie de suppuration, et la verrue tombe. Le fait le plus curieux est qu'au bout de quelques jours, les autres verrues commencent à se dessécher et se détachent l'une après l'autre, comme si elles étaient unies par un lien sympathique.

» J'ignore si ces épines influent sur la tumeur uniquement à cause de leur rôle de corps étranger, ou si elles contiennent quelque substance irritante qui rend leur action plus énergique. La verrue est une affection très commune à Chiloé et Llanquihue, et je n'ai jamais vu employer un autre médicament que celui que je viens de citer. »

L'écorce du *Tayu* est vulnéraire, et on l'emploie à l'usage interne comme à l'usage externe; elle est aussi considérée comme fébrifuge.

GUANIL

Proustia pungens.

Poepp. Less. Syn., 110, — Gay, III. 296. — D. C. Prodr., VII, 27. — Wedd. Chlor. and., tab. 5. — Cuneifolia, Don.

Le *Guañil* est un arbuste à tiges striées, à écorce lisse et à branches terminales qui finissent en une épine pointue; les feuilles sont coriacées, alternes, ovales, lancéolées, glabres avec nervure réticulée, très saillante sur les deux faces; le capitule, formant une panicule terminale, jaune pourpré, avec les scies dentées à leur extrémité. Quand les capitules tombent, l'axe de l'inflorescence reste avec ses branches, qui, alors, deviennent des piquants, rendant ainsi épineuse une plante qui, en principe, ne l'est pas.

Cette espèce, comme le *P. baccharoïdes*, croît dans les lieux arides et sur les collines des provinces centrales; toutes deux sont connues sous le nom de *Huañil*, ou, bien mieux, de *Guañil*. La première est la plus commune et la plus employée.

Les bains, préparés avec une infusion de feuilles et de racines du *Guañil*, ont un emploi très fréquent dans les rhumatismes et la goutte, et produisent d'heureux résultats.

YERBA DE LA YESCA

Chætanthera Berteriana.

Less. Syn., III. — Gay, III, 301. — D. C, Prodr., VII. 29.

Plante vivace, avec un gros rhizome noirâtre, duquel sort un glaïeul de 15 centimètres de longueur, couvert dans toute son étendue d'un duvet laineux, blanchâtre ou fauve; les feuilles sont radicales, longues, pennées et divisées en trois parties tomenteuses; blanchâtres dans toute la face inférieure, verdâtres et peu velues dans la supérieure; le capitule est gros, solitaire; les fleurs sont jaunâtres.

Elle croît dans les terrains pierreux des provinces centrales.

Les gens de la campagne s'en servent pour allumer le feu, comme l'amadou; ils l'emploient aussi en poudre carbonisée pour avancer la dessication du nombril. Je crois que les poudres de ses feuilles pourraient être utilisées pour arrêter les faibles hémorragies en agissant, non par le tanin qu'elle ne semble pas contenir, mais mécaniquement, par le tamponnement des capillaires.

ALMISCLE

Moscharia pinnatifida.

R. et P. Syst., I, 136. — Gay, III, 439. -- D. C. Prodr., VIII, 72. — Mosigia pinnatifida, Spr.

Plante annuelle; de 30 à 40 centimètres de hauteur, à tige droite, rameuse; les feuilles sont pennées et divisés en trois parties, avec les lobes dentés; les fleurs, blanches ou rosées, terminales, formant un épi très mou; l'involucre est campanulé et formé de six écailles ovales, foliacées, concaves; le réceptacle est plane, avec des disques membraneux sur leurs circonférences; les extérieurs, au nombre de 7 à 8, sur deux rangées, enveloppant chacun deux akènes.

L'*Almiscle* croît le long des chemins, des murailles ou des haies, dans les provinces centrales et est digne de remarque, à cause de la forte odeur qu'il exhale.

On lui attribue des propriétés excitantes, antispasmodiques et carminatives, qui peuvent provenir du principe essentiel et volatil qu'elle renferme. Son nom est dû à l'odeur spéciale qu'elle répand.

MARANZEL

Clarionea atacamensis, n. sp.

D'une grosse racine noire sortent plusieurs tiges courtes; les feuilles radicales et les caulinaires sont membraneuses, pennées, lobulées, glabres; les capitules assez grands, avec les ligules, de couleur jaune, quelquefois bleue, toujours pâles.

Cette belle plante croît sur les parties les plus élevées des Cordillères, depuis Copiapo jusqu'au lac d'Ascotan, sortant des fissures des roches ou sous les touffes des graminées.

La *Maranzel* a, sans aucun doute, certaines propriétés balsamiques bien accentuées, qui se révèlent à première vue par la substance résineuse qu'elle contient et qui la rend visqueuse au toucher. Mon ami, M. Federico Philippi, m'a dit qu'on lui en a fait de grands éloges durant son voyage dans ces régions, comme agent puissant pour combattre les difficultés de la respiration (*puna*) qu'on ressent dans les lieux élevés; on la donne en infusion théiforme, et elle jouit aussi d'un grand prestige dans les affections de la poitrine. Ceci s'explique facilement, car il est reconnu que les substances balsamiques produisent promptement des effets excitants et, par leur élimination, donnent des résultats plus ou moins certains sur les muqueuses bronchiques et urinaires.

On dit aussi que, à l'usage interne, l'infusion est bonne pour combattre les douleurs occasionnées par les fractures des os.

ESCORZONERA

Achyrophons Scorzoneræ.

D. C. Prodr., VII, 94. — Gay, III, 439.

Plante vivace, à tige simple, à peine rameuse, striée, uniflore; les feuilles sont allongées, lancéolées, acuminées, fortement incisées, dentées, les supérieures très étroites et très entières; les écailles de l'involucre sont couvertes sur la face extérieure de poils longs et touffus; les fleurs jaunes, les ligules de la circonférence pourpres sur la face extérieure.

Les trois variétés de cette plante, décrites par de Candolle, et les autres espèces du même genre, sont connues dans le pays sous le nom de *Escorzonera* et de *Renca*.

C'est une des plantes les plus fréquemment employées, et que les herboristes vendent dans les rues. La racine de la *Escorzonera* chilienne (qu'il ne faut pas confondre avec l'européenne) s'emploie en infusion, comme rafraîchissante et dépurative dans les maladies de la peau, et dans cet état pléthorique qui survient généralement au printemps.

On lui reconnaît des propriétés diurétiques et emménagogues; on la recommande aussi dans la ménopause, pour calmer les vapeurs que ressentent les femmes à l'époque de cette période critique.

BAILAHUEN

Haplopappus baylahuen.

Remy en Gay, IV, 42.

Tige ligneuse, glabre, glutineuse; les feuilles sont coriacées, avec la base persistante dans les tiges, très rapprochées à la partie inférieure des branches, ovales, spatulées, presque cunéiformes, entourée dans le milieu de la partie supérieure par des dents en crochet de 20 millimètres de long sur 10 de large; les capitules sont solitaires au sommet des branches, allongées, presque nues dans leur partie supérieure; les akènes glabres, de couleur fauve-foncé.

Ce genre est particulier à l'Amérique, et surtout à l'Amérique du Sud. M. Remy a décrit trente espèces chiliennes, et M. Philippi, vingt. Son nom grec signifie velu, simple.

Le *baylahuen* croît sur les hautes Cordillères de la province de

Coquimbo; il contient une résine qui le rend glutineux et lui donne les propriétés médicinales qu'il possède. Dans les campagnes, il est employé comme emménagogue et stimulant à l'usage interne; à l'usage externe, pour guérir les blessures des animaux, etc. Il est aussi administré en infusions théiformes pour activer les fonctions stomacales dans les cas d'indigestion ou paresse digestive.

BREA

Tessaria absinthioïdes.

D. C. Prodr., V, 457. — Gay, IV, 106. — Bacchans absinthioides. Hook et Arn., etc.

Petit arbuste qui atteint la hauteur d'un mètre, les feuilles sont couvertes de poils nombreux, qui lui donnent une couleur blanchâtre argentée; les feuilles sont alternes, oblongues ou oblongues lancéolées, acuminées à leurs deux extrémités, pourvues de quelques dents sur leurs bords; les capitules assez petits, disposés en corymbe terminal, avec sept ou huit petites fleurs pourpres sur le disque, celles de la circonférence sont plus pâles et toutes tubulaires.

Il croît dans les lieux humides, depuis la rivière Maule, vers le nord, et au-delà de Tarapacá, mais spécialement dans les provinces d'Atacama et Coquimbo. — Il y eut un temps où on en faisait une très grande consommation; on exportait tous les ans du département de Copiapo plus de mille quintaux de la poix extraite de la plante par décoction, dont le prix variait entre 8 ou 10 piastres le quintal; aujourd'hui elle n'est plus exportée, et son usage est moins général qu'à cette époque.

La matière résineuse que contient la plante dénommée « *Brea* » la fait considérer comme un balsamique des plus puissants et ressembler au goudron par ses effets.

Il est regrettable qu'on ait abandonné l'exploitation de cette plante et qu'on ne l'ait pas étudiée avec plus de soin dans ses effets thérapeutiques et surtout dans sa composition.

ROMERILLO

Baccharis rosmarinifolia.

Hook et Arn. Bot., Beech, 30. — Gay, IV, 85. — D. C. Prodr, 419. Lingulata, Kuze. — Linfolia, Meyer.

Arbuste de quelques pieds de hauteur, à tiges et branches fortes, un peu striées, glabres, légèrement visqueuses et jaunâtres; les feuilles sont nombreuses, sessiles, linéaires, terminées en pointe obtuse, très entières dans le type, sinueuses-dentées dans les variétés, grosses, coriacées, résineuses-glanduleuses, d'un vert jaunâtre; les capitules sont oblongs-cylindriques, pédicellés, réunis de dix jusqu'à vingt-cinq en petits corymbes terminaux et très compacts; l'involucre est oblong et formant de 4 à 5 rangs d'écailles ovales-oblongues, résineux, très glabre; akènes oblongs-elliptiques, soyeux, luisants, teinte fauve pâle.

Cet arbuste est assez commun dans les champs arides et pierreux des provinces centrales.

« Le *Romerillo* des champs, semblable au *Romero* de Castilla, possède de nombreuses vertus. Les cendres, mises en lessive, servent pour rendre les cheveux blonds. Les fumigations qu'on en donne aux malades perclus et à ceux atteints d'inflammations, les soulagent. Les boutons, qui représentent la fleur, imitent le coton blanc. Arrosés avec du vin, enveloppés dans les feuilles du même *Romerillo*, et chauffés sous la cendre chaude, on les place sous les bras à plusieurs reprises, et la mauvaise odeur qui se forme là, disparaît; on doit ensuite prendre une purgation. Le *quintral* (1) de ce *Romerillo*, cuit et donné en boisson aux épileptiques, après 4 ou 5 fois, les guérit; ils doivent d'abord se purger. La résine qu'il donne est excellente pour dégager la tête; on l'administre sous forme d'emplâtres appliqués sur les tempes. — Rosales. »

(1) Probablement allusion au parasite du genre Loranthus, connu vulgairement sous le nom de gui (*quintral*).

Pennesse dit que cette espèce de *Baccharis* est très aromatique, et qu'on emploie les feuilles et les pousses élevées comme stimulants, anti-spasmodiques, stomacales, emménagogues, etc. Il la recommande en infusion à la dose de 4 à 8 drachmes de la plante, pour une livre d'eau. A l'usage externe, ajoute-t-il, on l'administre en bains et frictions.

Il est hors de doute que le *Romerillo* est apprécié dans la médecine populaire pour ses qualités balsamiques et stimulantes. Le principe résineux aromatique qu'il contient le fait fréquemment prescrire pour les bains que d'ordinaire on conseille aux gens qui souffrent de rhumatismes chroniques et autres affections de la même nature, comme aussi pour les affections des voies urinaires et pulmonaires.

CHILCAS ET CHILQUILLAS

Baccharis.

Les espèces qui correspondent à ce genre sont au nombre de 40 environ, toutes particulières au Chili. Presque toutes sont de petits arbustes qui croissent dans les terrains pierreux, au bord des rivières, la plupart connues sous le nom de *Chilcas* ou *Chilquillas*, selon que les feuilles sont larges ou linéaires.

Elles ont comme caractères botaniques : les capitules dioïques, homogames et fleurs toutes tubuleuses; l'involucre est demi-globuleux ou oblong, composé de squasmes imbriquées, poils unisessiles, tortueux avec fréquence, dentés ou plumeux.

Les fleurs, disent Ruiz et Pavon, sont appréciées à cause de la résine qu'elles contiennent, et sont employées dans les cas de contusions, blessures, comme aussi pour consolider les luxations et fractures. Rosales fait la même recommandation et ajoute qu'en les mêlant avec du vin, après leur cuisson, on les emploie en frictions pour ramener la chaleur.

Les *Chilcas* contiennent une substance résineuse qui était utilisée autrefois par les cordonniers, au lieu du cérat; les sels de potasse et de soude abondent dans leurs cendres. — Dans les affections rhumatismales et syphilitiques on les emploie à l'usage externe; contre les catharres, à l'usage interne.

On ne doit, en aucune façon, confondre les *Chilcas* avec le *Chilco* (*Fuschia macrostema*), dont les usages sont différents, et qui appartient à un genre et à une famille distincts.

PALO NEGRO

Septocarpha rivularis.

D. C. Prodr., V, 495. — Gay, IV, 117. — Helianthus rivularis, Poepp.

Arbuste d'un mètre et demi de hauteur, à feuilles ovoïdes-oblongues pointues, dentées, très aromatiques; les fleurs sont jaunes; les capitules multiflores; petites fleurs du rayon unisériées, ligulées, neutres; les squames de l'involucre bisériées, égales, lancéolées, linéaires; le réceptacle avec des paillettes comprimées, et le fruit avec deux crins.

Cette plante est commune dans les provinces australes où elle fleurit depuis septembre jusqu'au mois de février.

L'odeur aromatique de cet abuste fait que ses feuilles sont très appréciées dans la médecine domestique, où on les préconise comme stimulantes et carminatives dans les dyspepsies, indigestions, gaz et autres dérangements du tube digestif. On l'administre en infusion théiforme dans tous ces cas, et aussi dans les menstruations difficiles (dysménorrhées).

MITRIU

Podanthus (*Euxenia*) *mitiqui.*

Lind. en Lond. Hort. Brit., 488. — Gay, IV, 297. — Sub nomine. Euxenia. D. C. Prodr.. V, 501.

Arbuste aromatique, rameux, de deux mètres de hauteur ; les feuilles sont opposées, les supérieures alternes fréquemment ovales, lancéolées, cunéïformes à leur base, acuminées et très aiguës à la pointe, fermées dans le milieu, luisantes, marquées de quelques points rugueux dans la partie supérieure, beaucoup plus pâles dans l'inférieure ; les feuilles de la variété décrite par D. C. sont plus petites, entières ou avec quelques dents séparées ; les akènes sont triangulaires, très minces à leur base, nus à la pointe.

Le *Mitriú* ou *Mitiqui* est commun dans les provinces centrales et dans le nord ; il a des propriétés balsamiques et aromatiques.

Le premier qui fixa son attention sur cet arbuste fut M. Vicente Bustillos, qui le recommandait comme spécifique dans les blennorrhagies. « J'ai parlé, dit-il, dans une communication envoyée à la Faculté des sciences physiques en 1889, à plusieurs personnes qui en ont fait un usage spécial contre la gonorrhée, et m'ont fait tant de louanges de ses vertus, que ces rapports devraient le faire considérer comme un spécifique. »

POQUIL

Cephalophora, Cav.

Gay, IV, 262.

Le genre *Cephalophore* appartient à l'Amérique et son nom grec signifie *porter des têtes*. Des treize espèces qui croissent au

Chili, quatre sont citées dans l'ouvrage de Gay, sept furent décrites par le docteur R. A. Philippi, et les autres par divers auteurs.

Toutes sont des plantes herbacées, élevées, à tiges striées, rameuses, feuilles alternes oblongues-linéaires ; les capitules sont globuleux ; les fleurs jaunes, toutes hermaphrodites, gonflées, courtes, presque fermées.

Elles croissent spontanément dans les prairies naturelles, dans les lieux arides et en grande abondance, dans les provinces centrales du pays et dans une grande partie des provinces du Sud. On les connaît sous les noms de *Poquil* et *Manzanilla del Campo* (camomille des champs).

Les habitants de la campagne l'emploient pour teindre en jaune.

Quant à son usage interne, le *Poquil* est considéré comme possédant une action égale à la camomille. On l'emploie en infusion et en extrait.

Il y a peu de temps que j'ai entendu parler de ses propriétés anti-thermiques, et de quelques essais pratiques pour découvrir ses propriétés thérapeutiques.

A en croire les renseignements arrivés à ma connaissance, quelques espèces de ce genre seraient dotées de propriétés anti-fébriles certaines ; leur influence ferait baisser la température sans les inconvénients des autres anti-thermiques qui produisent des défaillances dans les contractions cardiaques. Si les expériences futures confirment les premières notions qu'on possède sur le *Poquil*, on pourrait alors compter sur un médicament qui aurait assez d'importance pour les cas si nombreux où les agents de cette espèce sont indiqués.

Le *Poquil* n'a pas été analysé jusqu'à ce jour ; mais tout porte à croire, pour le moment, que la préparation qui devra servir pour les essais sera l'extrait fluide.

CHACHACOMA

Senecio eriophyton, Remy.

Remy. — Gay, IV, 159.

Arbuste très rameux, avec les tiges et les branches entièrement couvertes d'une laine blanche, compacte comme le coton, sous laquelle se cachent les petites feuilles coriacées, demi-embrassantes, ovoïdes-oblongues, ou tridentées au sommet; les capitules sont solitaires, plus ou moins longuement pédonculés, avec des fleurs jaunes, 12 ligules très courtes.

On le rencontre à une hauteur de 3000 mètres, environ au-dessus du niveau de la mer dans les provinces de Coquimbo et Atacama et dans le désert du même nom.

Les feuilles de la *Chachacoma* sont visqueuses et indiquent le principe résineux qu'elles contiennent. On les administre en infusion théiforme très chaude aux personnes qui sont attaquées de ce malaise qui se fait sentir sur les lieux élevés et qu'on nomme *puna* (difficulté de la respiration); on m'assure que cette infusion donne de bons résultats. On attache aussi quelquefois aux narines des chevaux et des mules un petit paquet renfermant des feuilles de *Chachacoma* dans la croyance qu'ils ne ressentent pas, alors, les effets de la *puna*. On recommande aussi l'infusion comme excitante, stomacale et emménagogue. Je l'ai vu administrer avec succès dans les menstruations douloureuses; elle agit surtout par la température de l'infusion et par ses propriélés balsamiques.

Il est curieux de voir la plus grande partie des plantes qui croissent sur les sommets les plus élevés de nos Cordillères contenir une substance résineuse qui les fait estimer dans la médecine populaire; c'est un fait digne d'attirer l'attention des naturalistes.

GUALTATA

Senecio hualtata.

Bert., D. C., Prodr., VI, 417. — Gay, IV, 194. — Fistulosas var., Less.

Plante herbacée, vivace, à tige cylindrique, grosse, qui atteint quelquefois près d'un mètre de hauteur. Les feuilles sont glabres, très grandes, de deux ou trois décimètres de longueur sur un décimètre de large, rhomboïdales, ou ovales-oblongues, tronquées à leur base, inégales et fortement dentées; les terminales, sessiles, demi-amplexicaules, lancéolées, aiguës, inégalement dentées, beaucoup plus petites que les antérieures; les capitules sont petits, presques globuleux, et tous réunis dans un grand corymbe composé; les akènes sont glabres.

Plante assez commune dans les terrains humides de presque tout le pays, connue sous les noms de *Gualtata*, *Hualtata* et même de *Lebo*.

Les feuilles de cette plante sont très employées; on les applique imprégnées d'une matière graisseuse pour faire disparaître les tuméfactions de caractère inflammatoire des parotides et pour panser les vésicatoires; elles agissent comme un avantageux émollient, en cataplasmes, à l'usage externe, et en décoction ou mieux en infusion comme tempérants et diurétiques.

Il paraîtrait que cette plante a joui à une autre époque d'un prestige beaucoup plus généralisé qu'aujourd'hui, si nous en croyons ce que raconte l'historien Rosales.

VIRA-VIRA

Gnaphalium vira-vira.

Mol., 354. — Gay, IV, 223. D. C., Prodr., VI, 228. — *G. piravira*, Less.

D'une même racine naissent de nombreuses tiges droites, atteignant quelquefois une hauteur de 30 centimètres; les feuilles sont oblongues-lancéolées, les inférieures, amincies à leur base, et obtuses, les supérieures plus étroites, aiguës, un peu décurrentes; les capitules sont réunis en petits groupes assemblés à l'extrémité de chaque tige; les involucres formés de squames glabres presque blanches. Toute la plante est couverte d'un duvet blanchâtre qui a une légère odeur aromatique et agréable. Le fruit est un akène cylindrique.

Cette plante croît spontanément avec profusion dans les vallées centrales depuis Coquimbo jusqu'à Valdivia. Sa culture est facile, sans exiger une attention spéciale.

Les gens de la campagne l'emploient beaucoup comme expectorant, sudorifique et fébrifuge, sous forme de tisane, chaude ou froide.

Je l'ai conseillée plusieurs fois dans les cas bénins de catarrhes ou bronchites, dans les fièvres éphémères ou de caractère catharral, au lieu du tilleul, de la violette ou du sureau; elle possède les mêmes propriétés. En général toute la plante est employée; cependant, quelques personnes préfèrent les fleurs. On s'en sert aussi comme vulnénéraire, pour laver les blessures, et en injections.

La pharmacopée chilienne la fait entrer dans les composants des espèces pectorales, mêlée aux fleurs de sureau, de violettes, de mauves et de pavots.

On attribue à d'autres espèces du genre *Gnaphalium* des effets semblables à ceux de la *Vira-Vira*.

DAUDA

Flaveria contrayerba.

Pers. Ench., II, 489. — Gay, IV, 278. — D. C., Prodr., V, 635. — Cav., Ic., I, tab. 4. — Bot. Mag., 2.400. — Milleria contrayerba, C. — Vermifuga corimbosa, R. et P. — Ethulia bidentis Lin. — Eupatrium chilense, Mol.

Plante annuelle, rameuse, élevée, jaune, entièrement glabre; les feuilles sont opposées, lancéolées, trinervées; les capitules réunis en petits corymbes compacts, de 3 à 5 petites fleurs tubuleuses, jaunes, l'involucre est composé de 3 à 4 folioles.

Elle croît, et elle est commune dans les champs cultivés, près des canaux, on la rencontre depuis le Nord jusqu'à Concepcion. Elle est connue sous les noms de *daudá*, *matagusanos* et *contrayerba*, Elle sert pour teindre en jaune.

MM. Ruiz et Paron disent que cette herbe, mêlée au sel, sert dans les cas de blessures putrides pour tuer les vers qui s'y sont formés; selon Rosales, elle est aussi utile pour les piqûres d'animaux venimeux.

M. Anjèl Vasquez a extrait de cette plante une matière résineuse, de l'huile volatile en petite proportion, une matière colorante jaune, tannin, sels, etc. L'extrait alcoolique a une odeur pareille au *taraxacum*, une saveur amère et légèrement aromatique.

L'infusion du « *daudá* » s'administre à 4 pour cent, dans les digestions difficiles ou tardives, et comme emménagogue dans les suspensions cataméniales ou menstruations difficiles. — Il agit comme aromatique et excitant, et s'emploie également comme vermifuge.

Avant de terminer, nous mentionnerons les espèces chiliennes suivantes :

Le *Fagetes glandulifera* Schrank, unique espèce du genre propre à notre pays, avec des petites fleurs d'un jaune-blanchâtre, douées d'une forte odeur aromatique, à laquelle on attribue la propriété d'échauffante et dont l'usage n'est pas sans péril. Elle est connue sous le nom de « *Quinchihue.* »

Le *Eupatorium Salvia Colla*, connue sous le nom de *Salvia macho* (sauge mâle), arbuste d'un mètre de hauteur, avec les feuilles pétiolées, lancéolées, aiguës, crénelées, dentées, ridées; les capitules sont disposés en corymbe terminal. Il est aromatique et entre dans le nombre des espèces recommandées dans les bains de ce genre, pour les rhumatismes et autres affections douloureuses.

Il nous paraît aussi convenable de faire la remarque, que la grande abondance d'autres espèces, éparses dans nos campagnes, les font considérer comme presque indigènes, quoique leur origine soit probablement européenne. Parmi elles nous pouvons citer le *Xantium spinosum*. L., *Clonqui*, employé comme émollient et comme réfrigérant dans les fièvres, et comme hépatique; et les *Sonchas fallax* Wallr, et *S. oleraceus*. L. connues sous le nom de *Nilgües*, souvent employées, pour leurs propriétés réfrigérantes, apéritives et antibilieuses, principalement comme boisson journalière.

ESCABIOSA

Centaurea chilensis.

Plante vivace, à tige élevée, de 60 à 120 centimètres de hauteur, avec ses feuilles profondément pennifides; segments linéaires, aigus; les fleurs sont grandes, solitaires, radiées, de couleur rose; les écailles de l'involucre avec un appendice large, membraneux, profondément lacinié.

On le connaît aussi sous le nom de *yerba del minero* (herbe du mineur).

Sa beauté lui fait mériter une place dans les jardins: elle est commune sur les collines, entre les roches, de la plus grande partie du territoire chilien, excepté au sud du Bio-Bio.

Les feuilles sont amères et s'emploient quelquefois comme

tonique dépuratif, léger, dans les affections herpétiques, et chez les personnes faibles qui se plaignent de vapeurs.

Comme à ses congénères des espèces européennes, on lui attribue aussi des propriétés fébrifuges et la médecine domestique en profite dans beaucoup de cas, pour les affections légères qui n'exigent pas un traitement actif.

Elle est aussi employée, en bains, contre les douleurs rhumatismales.

CAMPANULACÉES

TUPA

Tupa (diverses espèces) Don.

On donne vulgairement le nom de *Tupa veneno* (1), *tabaco del diablo* (2), à plusieurs espèces de *Tupa Don*, incluses dans la famille des Lobeliacées par la plus grande partie des botanistes. Presque toutes sont des arbustes ou grandes herbes vivaces, avec des feuilles presque toujours dentées ou denticulées et persistantes, très rapprochées; les fleurs sont grandes, de couleur pourpre, disposées en longues grappes solitaires, terminales; le calice est quinquélobé ; la corolle tubuleuse, unilabiée, arquée, avec le tube long, fendue dans sa longueur, et, à chaque côté de sa base jusqu'au milieu, lèvre inégalement quinquéfide.

Ils croissent dans les terrains secs, dans presque tout le territoire; leurs tiges et leurs racines contiennent un lait très âcre qui leur donne des propriétés irritantes.

Ce lait, mis en contact avec la peau, sous l'épiderme, produit une irritation plus ou moins aiguë; à l'usage interne, il détermine de nombreuses évacuations, claires, céreuses, sanguinolentes, fré-

(1) Poison.
(2) Tabac du diable.

quemment aussi des vomissements, et il reste une inflammation en relation avec la quantité de substance absorbée.

Ce jus contient sans doute une résine (que quelques-uns disent pareille à celle des euphorbiacées) qui n'a pas été encore étudiée par la chimie, et que la médecine chilienne pourrait peut-être utiliser avec avantage.

Un emploi vulgaire fait appliquer son jus laiteux pour calmer les douleurs des dents cariées, et aussi comme caustique pour panser les chevaux dans quelques maladies.

UÑO PERQUÉN

Wahlenbergia linarioïdes.

A. D. C. Mon. Camp., 158. — Gay, IV, 340, — D. C. Prodr., VII, 440. — Camp. Chilensis, Mol.

Plante qui croît sur les collines pierreuses des provinces du centre et du sud du Chili; c'est une herbe glabre, de 60 centimètres de hauteur; les feuilles sont linéaires et la tige simple, ou portant quelques branches nues terminées par une à trois fleurs bleuâtres, presque blanches.

L'*Uño perquén* s'emploie quelquefois dans la médecine champêtre, en infusion théiforme, comme carminative, pour dissiper le développement des gaz produits par une digestion imparfaite ou paresseuse.

PLOMBAGINÉES

QUAYCURU

Statice chilensis.

Ph. Linnea, XXXIII, 220. — Anal. Univers, 1861, I, 58. — Plegorrhiza adstringens, W. — Guaycuru, Mol.

La classification de cette plante, décrite par Molina, était restée indéterminée, jusqu'au moment où le docteur R.-A. Philippi la classa sous le nom désigné plus haut. L'exemplaire lui fut apporté par M. Volkmann, qui le trouva dans un voyage fait, en 1860, dans les provinces de Coquimbo et Atacama.

Plante à racine ligneuse, rampante; les feuilles sont oblongues, spatulées, longuement pétiolées, marginées, veineuses; le pédoncule est une hampe mince, pourvue de deux bractées brunes; panicule ample et peu serrée; les bractées au nombre de dix, et les fleurs bleuâtres incluses.

Molina dit que la racine est un des astringents les plus puissants de la botanique, étant aussi excellent pour guérir les ulcères et les scrofules, de même que la dysenterie.

Elle croît au Huasco, dans les terrains secs, et dans les sables à l'entour de la baie de Coquimbo, où elle est appréciée pour les principes tanniques qu'elle contient, et qui lui donnent des propriétés astringentes.

Il est intéressant de savoir que le nom de *Baycurü*, au Brésil et au Paraguay, désigne également une espèce de *Statice* dont les propriétés sont analogues à celles de la plante chilienne.

APOCINÉES

QUILMAY

Echites chilensis.

D. C., Prodr., VIII, 468. — Gay, IV, 387. — Elytropus Chilensis, Muell. Arg.

Arbuste volubile, à tiges couvertes d'un duvet presque blanchâtre; les feuilles sont opposées, courtement pétiolées, ovoïdes, molles, entières, décolorées. La face supérieure, glabre et d'un vert foncé et luisant, l'inférieure plus pâle; jolies fleurs axillaires, au nombre d'une à quatre, blanches, à raies rouges.

Il est commun dans les provinces du sud, où sa racine est très appréciée pour ses vertus médicinales. M. Chatterton dit qu'il est abortif, et que cette propriété est connue depuis très longtemps.

M. Anjel Vasquez continue à donner le nom de *Quilmay* au *Myrogyne elatinoïdes*, de la famille des composées, sans doute, à cause de l'erreur fréquente qu'on commet sur les noms, et aussi parce que l'ouvrage de Gay le désigne ainsi.

Néanmoins, il est nécessaire de convenir que le *Quilmay* véritable du sud est le *Echites chilensis*, décrit d'une façon erronée dans la botanique de Gay sous le nom de *Voqui*, qui s'applique aux plantes grimpantes en général.

Le *Quilmay* du centre, ou bien le véritable *Myrogyne*, contient une grande quantité de matière résineuse. M. Vasquez en a extrait un principe résineux spécial, auquel il a donné le nom de *Miriogino*, de saveur amère et âcre.

LOGANIACÉES

PAÑIL

Buddleia globosa.

Lam. dic., V, 513. — Gay, V, 120. — D. C. Prodr., X, 540. — Capitala Jacq.

Arbuste de deux mètres de hauteur à grandes feuilles, oblongues-lancéolées, acuminées, crénelées, ridées, couvertes d'un duvet jaunâtre, velouté sur la face inférieure ; les fleurs sont de couleur orange, élégantes, disposées en capitules globuleux, composés, de la grosseur d'une grosse noisette.

Il croît dans la campagne près des ruisseaux, on le cultive aussi dans quelques jardins. On lui donne quelquefois le nom de *matico chileno* à cause de la grande ressemblance de leurs feuilles.

On emploie les feuilles pour teindre en jaune.

Les feuilles de *pañil* sont considérées comme un de nos meilleurs vulnéraires ; on les emploie en décoction et en infusion pour laver les blessures, et réduites en poudre, pour aider à la cicatrisation des ulcères et blessures anciennes ou de mauvaise nature. On loue aussi leurs bons effets dans les rectites ulcéreuses, dysenteries chroniques, administrées en lavements. Comme balsamique et vulnéraire, on recommande de boire son infusion à ceux qui souffrent d'abcès hépatiques, dans les catharres des intestins et hémoptysies. En général, on l'emploie comme le *matico peruano* avec lequel il est utile de ne pas le confondre parce que celui-ci appartient à la famille des Piperacées.

Il est probable qu'il contient un principe balsamique ou astringent.

CHAPICO

Desfontaine spinosa

Gay, 99, grav. 56. — D. Hookeri, Don. — D. C. Prodr. XIII, a. 676. — Ilicifolia, Ph.

Petit arbre toujours vert, qui atteint trois mètres de hauteur, à tiges droites, rameuses, à écorce jaunâtre ; les feuilles sont opposées, coriacées, reluisantes par-dessus, oblongues-elliptiques; il possède de 9 à 14 épines très fortes vers leurs bords ; les fleurs solitaires, sur des pédoncules courts, d'une belle couleur pourpre, avec le limbe jaune.

C'est un arbuste d'un aspect à la fois élégant et beau, très ressemblant à l'*acebo*, dit-on ; il croît dans les provinces de Valdivia, Llanquihue et Chiloé, jusqu'à Tresmontes et même plus au Sud.

Gay dit que ses feuilles sont très amères, comme celles de la Gentiane et que les habitants du Chili s'en servent pour teindre en jaune.

GENCIANÉES

CACHENLAHUEN ou CANCHALAGUA

Erythræa chilensis.

Pers., Ench., I, 283. — Gay. IV, 402. — D. C., Prodr., IX, 57. — Cachanlahuan, Rom. i Schult. — Chironia chilensis, IV.

Petite plante annuelle, de 20 centimètres de hauteur, à tige droite, quadrangulaire, partagée dans la partie supérieure en branches dichotomes ; les feuilles sont opposées, sessiles, oblongues, pointues ; les supérieures, linéaires ; les fleurs, d'une couleur rose, forment à la partie supérieure des branches une sorte de corymbe plus ou moins ouvert et mou, soutenu par des pédoncules plus longs que les feuilles.

Elle croît dans les terrains herbacés de tout le pays, et c'est une des plantes les plus appréciées que nous possédions, comme on le verra dans les citations que nous allons faire.

Le nom de *Cachen-lahuen*, qui signifie « douleur au côté », est indigène; celui de *Canchalagua* lui fut donné dans la Pharmacopée espagnole, et elle est ainsi connue de la plus grande partie des habitants. Ces noms ont été altérés en passant à d'autres idiomes et par les auteurs divers; Valmont de Boman, par exemple, l'appelle *Canchelague;* Lesson, *Cachalonai*, et d'autres *Cachanlagua*.

Feuillée en parle ainsi : « Cette plante est extrêmement amère; en infusion, c'est un remède apéritif et sudorifique; il fortifie l'estomac, tue les vers, guérit fréquemment les fièvres intermittentes, dissipe la jaunisse et est employé avec succès contre le rhumatisme. »

L'ancien historien Rosales, qui écrivit son livre, il y a de cela plus de deux siècles, parle de cette plante dans les termes louangeurs qui suivent :

« L'herbe que les indigènes appellent *Cachalaguen* est digne d'être mentionnée; elle atteint un tiers de vare de hauteur; ses feuilles sont très ténues et ses branches très tendres. Sa fleur est rouge, petite et mince. Les Indiens, comme grands herboristes, l'appliquent de la façon suivante pour les douleurs du « côté » et en obtiennent des effets merveilleux : ils prennent une cruche, la remplissent d'eau, et mettent dedans une poignée d'herbe; ils en font une décoction, sans regarder si la substance est épaisse ou claire. Ils administrent alors la décoction forte, comme si c'était un gros bouillon, et la font boire chaude. La douleur est apaisée, et de telle manière cesse le mal que la saignée est souvent inutile. On recommence à boire quand revient la douleur, et le mal s'apaise et disparaît. De nombreuses expériences ont été faites sur ce remède; de là est venue la célébrité de cette herbe, dont la vertu et les grands bienfaits nous ont été enseignés par Dieu lui-même. Les Espagnols, pour atténuer sa forte saveur amère, la mélangent dans la décoction avec la violette. Prise à jeun, elle est aussi utile pour tuer les vers. »

Don Jorje Juan et don Antonio de Ulloa louent la *Canchalagua* et disent : « C'est une plante excellente, très utile pour guérir les fièvres et autres affections du même genre; sa saveur amère est très intense, et l'eau se charge facilement de son goût, soit par infusion, soit par décoction; elle purifie parfaitement le sang, et elle est employée dans ce but par les habitants du pays, malgré sa réputation d'échauffante. »

M. Ruiz, un des illustres auteurs de la *Flore péruvienne et chilienne*, s'exprime ainsi :

« Cette plante est d'un emploi fréquent au Pérou et au Chili, pour modifier, rafraîchir et purifier le sang, comme aussi pour ranimer les forces de l'estomac et pour couper les fièvres intermittentes. Elle est considérée, à cause de ses propriétés sudorifiques, comme particulièrement utile contre les douleurs du côté sans fièvre (pleurodynie); la méthode la plus usitée au Chili et au Pérou pour son application est la suivante : on laisse macérer quelques plantes dans l'eau froide pendant quelques heures et on prend, à jeun, 4 ou 5 onces de cette infusion; quelques personnes en prennent 2 ou 3 doses par jour, de 3 onces chacune. On prescrit rarement la *Canchalagua* en décoction, parce que son principe amer se dissout facilement dans l'eau froide. Néanmoins, quelques personnes la prennent en infusion théiforme avec du sucre, remplaçant ainsi l'herbe du Paraguay appelée *Mate* dans cette partie de l'Amérique. Quelques médecins ordonnent de la faire bouillir légèrement, persuadés que de cette façon son principe médicinal cède plus facilement. La dose de la *Canchalagua* sèche peut arriver, suivant mes observations, de 1/2 à 1 drachme, sans compter la racine, à cause de son goût presque insipide et de son poids qui est plus grand que tout le reste de la plante. La *Canchalagua* fraîche peut s'administrer de 1 à 3 drachmes. »

Dans le numéro 13 du *Mercurio chileno,* avril 1829, on voit une liste des plantes observées par Bertero, dans laquelle on lit :

« *Chironia chilensis W.*, vulgairement *Canchalagua.* Plante très fréquente dans les parties sèches des plaines ou des collines. On en fait un grand usage dans le pays, surtout dans les campagnes où on la conserve en paquets d'une année à l'autre. La principale vertu qu'on lui attribue est celle de rendre le sang plus liquide. La seule observation, que pour le moment je me permets de faire, est que la façon d'agir du principe amer de la *Genciana* est assez connue, et que je suis persuadé que la *Canchalagua* jouit des propriétés toniques, stomacales et vermifuges analogues au quinquina, quoique à un moindre degré. »

M. Gay, dans la *Botanique du Chili*, tome IV, page 402, parlant de la *Canchalagua*, dit : « Cette plante, très connue par ses excellentes vertus médicinales, est commune dans la région des pâturages de la République. D'un goût très amer, qui augmente en la séchant, les habitants l'emploient pour purifier le sang et pour les fièvres intermittentes, quand leur intensité n'est pas forte; elle est aussi employée comme tonique, sudorifique, etc. »

MM. Lebœuf et Méhu, Français, ont écrit des articles très intéressants sur la *Canchalagua;* le premier, sous le point de vue historique et pharmacologique, et le second, sur l'étude de ses composants (1).

La *Canchalagua* se vend dans toutes les pharmacies, et son infusion est officinale. Il y eut une époque où on l'exportait en plus grande quantité qu'aujourd'hui, et d'ici on en pourvoyait la pharmacie royale d'Espagne. Son exportation n'était pas faite avec attention, et Lebœuf se plaint de la voir mêlée à une grande quantité d'autres herbes.

On doit la récolter en fleur, la sécher soigneusement, et l'envelopper en paquets bien conditionnés, afin qu'elle se conserve bien.

La *Canchalagua* a une saveur amère, peu persistante. Elle dé-

(1) Voyez, *Anales de la Universidad*, 1859, pag. 1119; une communication de M. Damian Miquel, extraite d'une relation de Lebeuf; et aussi l'étude de Méhu dans le *Bulletin de Thérapeutique*, premier semestre de 1870, pag. 409.

termine une augmentation de l'appétit et facilite la digestion. Elle contient un principe amer qui, extrait, ressemble beaucoup à celui de la *Erythrœa centaurium*, mais en plus grande abondance.

La *Canchalagua* entre dans la catégorie des toniques dépuratifs, fébrifuges, et on la conseille, soit en macération, soit en infusion, dans les rhumatismes chroniques, pleurodynies, éruptions de la peau, suspensions menstruelles, convalescences des pneumonies et pleurésies. Il est bon de la préparer à 2 o/o, pouvant prendre, en infusion ou macération, un verre, deux ou trois fois par jour. Comme emménagogue, on l'associe fréquemment à notre *Pimpinela;* dans les affections cutanées, on la mêle au *Crémor*.

On emploie aussi la *Canchalagua*, et avec avantage, pour laver la tête et donner de la force aux racines des cheveux. Pour ma part, j'ai l'habitude de la conseiller toujours dans l'alopécie, où elle semble agir par ses conditions toniques. Je n'ai jamais eu occasion de connaître les propriétés vermifuges que quelques-uns lui attribuent. Comme boisson amère, je l'ai recommandée dans l'épidémie du choléra qui nous a visités.

ASPÉRIFOLIÉES

TÈ DE BURRO

Erytrichium gnaphalioïdes.

A., D. C., Prodr., X, 131. — Gay, IV, 466.

Petit arbuste pubescent, blanchâtre; les tiges sont ascendantes, ligneuses, avec feuillage dans leur partie inférieure, et presque nues dans la partie supérieure; les feuilles sessiles, linéaires, élevées, très entières; fleurs réunies en capitules globuleux, alimentées par de longs pédoncules dichotomes; le calice a 5 divisions et est couvert en dehors par un abondant duvet blanchâtre; la corolle blanche, avec le limbe étendu et de grands lobes obtus.

Il croît en abondance dans les parties élevées des Cordillères du nord et même dans les plaines et sur les collines découvertes remplies de sable blanc. On lui donne aussi le nom de thé des Cordillères.

On emploie les feuilles et les petites branches. Les habitants du Nord et surtout les mineurs l'apprécient beaucoup pour ses qualités simulantes et digestives. On recommande sa boisson en infusion théïforme dans les indigestions et diarrhées. Sa saveur n'est pas désagréable et j'ai cru la trouver un peu astringente.

Elle est de grande consommation dans la médecine domestique, et il n'y a pas une maison, dans la province d'Atacama, où on n'en conserve quelques branches en cas de maladie.

CONVOLVULACÉES

CARRIZILLO

Calystegia rosea.

Ph. Linnæa, XXIX, 15.

Tige volubile, glabre; les feuilles sont cordiformes à leur base, oblongues-lancéolées, très aiguës et égales au pétiole, avec les lobes de la base arrondis; les pédoncules sont axillaires, uniflores, un peu plus courts que les feuilles; les bractées ovoïdes et dépassant un peu le calice, les bractées du calice aigües; la corolle grande, d'un rose foncé.

Cette plante fut découverte par le docteur Fonk, près du pont du *Low*, dans l'archipel des *Chonos*. Elle croît dans les terrains humides et dans les plaines du Chili, depuis la rivière Aconcagua jusqu'à l'archipel déjà nommé. Cette espèce diffère de la *C. sepium* par ses feuilles non tronquées à leur base (1).

Elle est aussi connue sous le nom de *Çarrizalillo* dans le voisinage de la rivière Diguillin, où de grandes extensions de terrains sont envahies par cette plante. Elle vit dans les terrains humides, comme nous l'avons déjà dit, s'entrelaçant dans les herbes et buissons et principalement dans les touffes de *Joncées*, où elles étalent, aux premières heures du jour, leurs grandes corolles ouvertes, les *Suspiros del campo* (soupirs des champs), ou *Suspiros del monte* (soupirs des bois), et où le sol est sillonné de leurs racines vivaces, désordonnées, qui se croisent en tous sens, à peu de profondeur.

Les racines du *carrizillo* sont en faisceaux irréguliers; elles sont cylindriques, non ramifiées, de 10 à 50 centimètres de longueur, de la grosseur d'une plume d'oie, couleur jaunâtre, blanche ou grisâtre à l'extérieur, moins obscure à l'intérieur; quelquefois très cassantes, d'autres fois très flexibles, suivant la sécheresse de l'air et la maturité des racines; sa texture est uniforme, nullement fibreuse, de cassure résineuse et légèrement granuleuse; la saveur est douce, spéciale, d'abord agréable, ensuite un peu nauséabonde, nullement âcre. Elle est hygroscopique et de difficile pulvérisation, parce qu'une partie de la matière adhère au mortier comme une masse visqueuse.

Elle contient une grande proportion d'amidon, une substance sucrée, comme le fait présumer sa saveur et la fermentation alcoolique qui peut s'obtenir après quelques jours d'abandon de l'eau avec laquelle on la traite, et une résine de couleur jaune-rouge, transparente, fusible sans se liquéfier complètement.

Les préparations de la *calystegia*, qu'il est bon d'employer, sont : la poudre, la teinture alcoolique et la résine.

La poudre est d'un blanc-jaunâtre clair, d'une odeur spéciale très sensible et d'une saveur semblable à la farine crue, sans la moindre

(1) Cet article est presque un résumé de la thèse de licence du docteur Féderico Puga-Borne. — *Anales de la Universidad*, 1879, page 267.

âcreté, un peu douce au commencement, amère plus tard, et enfin, légèrement nauséabonde.

Sa préparation est difficile, raison pour laquelle il convient de bien sécher les racines, et les passer au tamis. M. Puga Borne employa, pour ses expériences, la poudre, sans la tamiser.

La teinture, préparée comme on le fait pour le *Jalap*, a une couleur jaune un peu rougeâtre, peu d'odeur, une saveur spéciale d'abord, et amère un peu plus tard.

Avec 4 ou 6 grammes de poudre de *carrizillo*, après la sensation que son mauvais goût produit dans la bouche, on ressent quelquefois aussi, à l'estomac, un malaise qui se traduit en nausées. Quelques heures plus tard surviennent des borborygmes, parfois des légères douleurs, coliques, et ensuite viennent les évacuations, d'abord excrémenteuses, ensuite claires, céreuses, comme celles que déterminent les drastiques. Ce mouvement du ventre, quoique rare, persiste quelquefois jusqu'au second jour; quarante-huit heures après, les évacuations cessent et sont remplacées par une constipation qui dure deux ou trois jours. Dans quelques circonstances, le *carrizillo* a occasionné une tympanite intestinale un peu marquée, mais passagère, chez les individus malades, jamais chez les sains.

En comparant l'action physiologique du *jalap* avec le *carrizillo*, on arrive au résultat qui constate chez ce dernier une action plus faible et plus tardive, quoique plus prolongée. Pour obtenir un effet pareil à celui du *jalap*, il faut employer les poudres de la *calystegia* à double dose.

De l'action physiologique de cette racine on déduit son action thérapeutique. En conséquence, on peut la recommander dans les cas nombreux où le médecin doit employer les agents purgatifs. C'est donc une bonne fortune pour la médecine chilienne de pouvoir compter sur une substance de cette nature.

Les conclusions présentées par le docteur Puga Borne, après de nombreuses observations, sont les suivantes :

1° La racine de *calystegia rosea convolvulacea* indigène du Chili, est dotée d'une action purgative drastique.

2° Cette action est plus faible et plus prolongée que celle du *jalap* et est presque invariablement suivie de constipation.

3° De ces trois caractères de son action se déduisent les indications dans son emploi.

4° Les formes sous lesquelles il convient de l'employer sont : la poudre, la teinture et la résine.

5° On peut les administrer, dans leur état naturel, sans recourir aux correctifs.

6° La dose, en poudre, peut varier de 4 à 8 grammes ; celle de la teinture, entre 38 et 80, et celle de la résine entre 50 centigrammes et 2 grammes.

Pour ma part, je crois qu'il serait bon d'associer aux préparations du *carrizillo* une substance aromatique pour éviter les coliques qui surviennent quelquefois, et le développement des gaz qui se font aussi sentir.

CABELLOS DE ANJEL (Cheveux d'Ange)

Cuscuta.

Les espèces qui correspondent à ce genre sont parasites, blanches, volubiles avec les fleurs réunies en capitules ou en épis jaunâtres ou rougeâtres ; le calice est monophylle, quinquephylle (quelquefois quadriphylle) ; la corolle est urcéolée-globuleuse avec le même nombre de divisions ; même nombre d'étamines mises dans le milieu du tube de la corolle, l'ovaire est biloculaire, le style simple ou bifide ; la capsule est biloculaire.

Les « cuscutes » sont des plantes parasites répandues presque sur tout le globe. Nous en avons au Chili 9 espèces connues toutes sous le nom de *cabellos de Anjel* (cheveux d'ange).

On les emploie à l'usage externe en cataplasmes pour dissoudre les tumeurs inflammatoires, contre les bubons ; à l'usage interne, elles jouissent de la renommée des diurétiques.

L'ancienne médecine leur concédait une action sur beaucoup de maladies, Hippocrate et les Arabes l'appliquaient dans la phthisie pulmonaire, aujourd'hui, on n'en fait plus usage.

SOLANEES

PICHI

Fabiana imbricata.

Ruiz et Pavon, t. II, 12, tab. 122, fig. b. Hook, Icor., pl. 4, lam., 340. — Lind., *Bot. rég.*, t. XXV, lam., 59. — Gay, V, pag. 41. — D. C., Prodr., XIII, a, p. 590.

Petit arbuste, à bois dur, très rameux, à écorce ridée et remplie de rugosités saillantes; les branches sont hispides. Il possède de nombreuses branches raides, de 2 à 5 centimètres de longueur, couvertes intérieurement de feuilles très petites, ovoïdes très obtuses, concaves par-dessus, convexes en dessous, glabres, prolongées à leur base, imbriquées et en forme de squames. Fleurs solitaires et sessiles à la pointe des jeunes rameaux.

Le calice est cupuliforme, avec des dents obtuses, glabre et persistant; la corolle tubulaire, infundibuliforme, avec le limbe plié formant 5 lobes arrondis 4 ou 5 fois plus longs que le calice qui entoure la base des fleurs.

On le trouve depuis Arauco jusqu'à Coquimbo; il croît principalement au bord des rivières et entre les pierres. Vu de loin on le confond avec le *Tamaris*. Nous l'avons vue cultivée dans quelques jardins, grâce à son élégance et à la belle couleur blanc bleuté de ses petites fleurs.

Ruiz et Pavon, comme Gay, disent que le *Pichi* est employé pour la guérison des chèvres et chevreaux attaqués de la maladie des *pirguines*, petits vers qui se multiplient dans le foie, et qui occasionnent une grande mortalité. On en fait usage depuis un temps immémorial dans les affections urinaires.

Il y a déjà quelques années que j'appelais l'attention des médecins sur les bons résultats que j'avais obtenus avec une légère décoction de cette plante dans les blennorrhagies et catarrhes chroniques de la vessie. « Plus d'une douzaine de cas, traités uniquement » par la tisane de *Pichi*, disais-je, ont confirmé mes idées sur cette » *solanée* et m'ont décidé à l'adopter comme un aide puissant dans » le traitement des inflammations chroniques ou aiguës de l'urètre. »

Tombé dans l'oubli pendant quelque temps, son emploi s'est renouvelé, dû à la guérison d'un haut fonctionnaire administratif du territoire araucanien qui souffrait d'une cystite muco-purulente rebelle à un bon nombre de traitements. Le *Pichi* triompha d'elle. L'enthousiasme produit par la guérison de cette maladie qu'on croyait compliquée de calculs vésicaux fut très grand parmi tous, et les nouveaux et heureux résultats obtenus ensuite firent étendre l'emploi du *Pichi* dans toute l'Amérique. Peu de temps après, il traversa les mers et fut étudié sous le point de vue médical et pharmacologique, en France par MM. Boyer et Limousin (1).

Au Chili, M. Sierralta en fit le sujet de sa thèse de licence(2), de laquelle nous prenons une grande partie des renseignements qui vont suivre.

Matière médicale. — Mon opinion est que le *Pichi* agit sur l'organisme par la résine qu'il contient. Elle lui donne l'odeur spéciale qui le caractérise, et qui se trouve, dans les feuilles, dans ses petites branches et dans l'écorce de sa tige. Pour ce motif, j'ai l'habitude d'employer toute la plante, et non les feuilles seulement, dans lesquelles M. Sierralta croit que le principe actif réside uniquement.

Le *Pichi* contient un principe amer, une résine acide, jaune, une huile essentielle, de la chlorophylle, de la cellulose, des sels, et du tannin qui précipite en bleu noir les sels de fer. Dans la communication faite par M. Limouzin à la Société thérapeutique française, le

(1) *Bulletins et Mémoires* de la Société de Thérapeutique, Paris, 1886.
(2) *Anales de la Universidad de Chile,* 1886, page 487.

14 avril 1886, on lit : Qu'il a obtenu du *Pichi* une résine très amère, insoluble dans l'eau, dans la proportion de 6 grammes 50 cent. par kilo. Le réactif de Winckler indique la présence d'un alcaloïde, mais ce qui surtout le caractérise, ajoute-t-il, c'est l'abondante proportion d'un glucoside analogue à la *Esculina*, jouissant, comme cette substance, d'un pouvoir réfringent très considérable. En effet, sa matière extractive épuisée par l'eau, contient encore une grande proportion de ce corps fluorescent et donne par réfraction une liqueur incolore, bleuâtre, semblable à une solution de sulfate de quinine.

Les préparations suivantes peuvent s'obtenir de cette plante :

Poudres. — Elles s'obtiennent en pulvérisant les petites branches du *Pichi* qui ont assez de feuilles ; passées au tamis, elles ont une couleur vert jaunâtre, de saveur amère, sont aromatiques, et un peu astringentes.

Infusion et décoction. — La meilleure de ces préparations est l'infusion, qui, suivant la pharmacopée chilienne doit se faire au 4 pour 100. La décoction légère, qu'on conseillait autrefois, n'a-t-elle pas l'inconvénient de laisser échapper une partie de l'huile essentielle? Ces deux préparations, filtrées, ont une couleur légèrement jaune, semblable à l'ambre, et offrent à la superficie une légère pellicule d'autant plus notable que la plante est plus fraîche. Cette pellicule est due à la résine qui surnage et très probablement aussi à l'huile essentielle.

Extrait aqueux. — Un kilogramme de la plante, réduit en poudre, a donné 90 grammes d'extrait mou et 60 grammes d'extrait sec évaporé par le vide. M. Sierralta a obtenu 80 grammes du même extrait mou, mais il ajoute que ce chiffre est approximatif, parce que les feuilles du *Pichi* sont difficilement épuisées par les dissolvants. Après avoir fait agir à plusieurs reprises l'eau et l'alcool sur elles, en grandes et petites quantités consécutives, le résidu est encore susceptible de fournir de nouvelles portions de principes solubles.

Cet extrait est amer, un peu âcre, aromatique, approchant de l'extrait de *Guayaco* par son odeur.

Teinture alcoolique. — Dans la proportion de 1 pour 5 d'alcool, elle fournit une bonne préparation. Sa réaction est acide.

Résine. — On trouve ce principe dans la plante fraîche, dans une proportion approximative de 10 pour 100; elle est jaune, très aromatique, âcre et amère. Elle fond à une légère chaleur, et brûle avec une flamme fuligineuse comme ses congénères.

Action physiologique. — Toutes les préparations du *Pichi*, suivant le degré de concentration et la quantité de résine et d'huile essentielle qu'elles contiennent, sont plus ou moins amères, âcres et aromatiques, stimulent légèrement l'estomac, causant quelques borborygmes et expulsant des gaz qui rappellent son odeur spéciale. Quelquefois l'appétit augmente. Après son absorption, la sensation la plus remarquable est celle qu'il produit sur la vessie, déterminant une émission fréquente et une légère augmentation de cette sécrétion; l'urine est plus claire, et conserve pendant quelque temps une odeur résineuse.

Les expériences pratiquées par M. Sierralta à propos de la sécrétion urinaire, par les diverses préparations du *Pichi*, sont dignes d'être connues.

Les voici :

1re *Expérience.* — Décoction du *Pichi* (60/500) en 4 portions — 2,000 grammes d'urine. — Excès sur le terme moyen physiologique — 330 grammes, considérant l'état normal, 1,670 grammes.

2me *Expérience.* — Infusion (60/500) une seule fois, 540 grammes d'urine. Excès sur la moyenne physiologique, nul.

3-4mes *Expériences.* — Avec la macération, le résultat est nul.

5me *Expérience.* — Décoction de l'écorce, 30 pour 500. — 1,900 grammes d'urine. — Excès sur la moyenne physiologique, 230 grammes.

6-7mes *Expériences.* — La résine, absorbée, depuis 1 gr. 20 jusqu'à 3 grammes en deux doses, et en 2 jours d'expériences, a donné jusqu'à 150 grammes d'augmentation sur la moyenne physiologique et jusqu'à 400 grammes sur l'urine du jour antérieur.

8-9mes *Expériences.* — Avec l'extrait aqueux, la quantité d'urine s'est élevée jusqu'à 1,900 grammes ; deux grammes d'extrait pris en deux doses à 2 heures d'intervalle.

10me *Expérience*. — 45 grammes de poudre tamisée, pris en 5 heures, ont donné 1,750 grammes d'urine ; 80 grammes sur la moyenne.

Thérapeutique. — On a beaucoup loué le *Pichi* comme agent *lithotriptique*. M. Lucien Boyer raconte qu'un général péruvien avait échappé à l'opération de la taille dont il était menacé par son chirurgien, pour le débarrasser d'un volumineux calcul vésical, grâce à l'usage du *Pichi*. Le même pouvoir lui est prêté chez nous par les gens qui lui réservent une préférence marquée, mais je ne connais aucun cas authentique qui puisse confirmer cette croyance, selon moi erronée et nuisible.

Mais, où les préparations du *Pichi* sont appelées à remplir un rôle plus ou moins important, c'est dans les catarrhes de la vessie, simplement muqueux ou muco-purulents, idiopathiques ou symptomatiques; elles sont également recommandées dans les affections chroniques des bronches, et très remarquables dans les hémorrhagies.

L'effet du *Pichi*, dans ces cas, est comme celui de tous les balsamiques; par sa résine, il a une action marquée dans les affections des voies urinaires; par son huile essentielle, sur les affections de l'arbre respiratoire.

J'ai employé plusieurs fois le *Pichi* dans les blennorrhagies, et je n'ai qu'à me féliciter de ses résultats. M. Sierralta cite neuf cas de gonorrhées guéries avec cet agent et, quoiqu'il le considère inférieur à d'autres de la même nature, il croit que c'est un aide utile, puisqu'on peut l'administrer à grandes doses sans troubler les fonctions digestives.

Le docteur Concha Vergara, spécialiste, chez nous, des maladies des voies urinaires, dit que : « Dans les cystites du col qui reconnaissent pour cause un état d'inflammation du canal, les effets du *Pichi* sont admirables : le tenesme vésical disparaît comme par enchantement et l'émission de l'urine revient régulière. Je ne connais aucun agent thérapeutique qui puisse agir avec une rapidité et une efficacité égales dans cette sorte d'affections. Les balsamiques, dont l'efficacité est indiscutable, ne produisent pas une convalescence aussi rapide que celle qu'on obtient par l'emploi de cette plante, ni même le cubèbe, qui est considéré comme le plus énergique par son action spéciale sur la vessie. J'ai administré la teinture de *Pichi*, comme la décoction, à quatre individus affectés d'une cystite du col, due à un état inflammatoire chronique de la portion membraneuse du canal, qui, comme conséquence de dérèglements répétés, avait une poussée aiguë, la portion prostatique fut envahie, et, à son tour, le col de la vessie. Les quatre malades guérirent radicalement, et avec une rapidité étonnante. »

Le docteur Concha ne pense pas de même pour les autres cystites; mais, les observations qui accompagnent le mémoire du docteur Sierralta et les miennes propres, indiquent que le *Pichi* est un agent puissant de guérison dans ces cas.

Dans les bronchites chroniques, dans l'asthme humide, dans les bronchorrées, dans la phthisie pulmonaire, le *Pichi* est un aide puissant des autres médicaments plus énergiques contribuant en grande partie à la guérison et au soulagement de ces pénibles et graves affections.

Je crois même que, seul, l'extrait fluide de cette plante, que je n'ai pas eu occasion d'employer, suffirait comme agent d'une énergique médication.

Une tisane de *Pichi* peut être recommandée avec profit dans les cas d'abcès hépatiques, si communs chez nous.

Je n'ai pas eu l'occasion d'employer le *Pichi* comme vermifuge; mais, l'usage qu'on en a fait pour le traitement des chèvres attaquées de *Pirguines*, laisse entrevoir que ce serait un agent efficace antihelminthique.

Les meilleures préparations du *Pichi* seraient, selon moi, la décoction légère ou l'infusion, la teinture alcoolique et l'extrait fluide. Avec ce dernier, on pourrait préparer un sirop qui permettrait son emploi, sans goût désagréable, à une dose un peu élevée.

NATRI

Solanum ou tomatillo.

Remy, en Gay, V, 64.

Solanum crispum.

Ruiz et Pavon. Flor. per. II, 31, lam., 158. — Gay, V, 66. — D. C., Prodr., XIII, a. 91.

Solanum gayanum.

Remy en Gay, V, 67.

Sous le nom générique et vulgaire de *Natri*, sont désignées ces trois espèces, dont les différences sont peu sensibles, et employées toutes trois au même but thérapeutique; mais, le *Solanum* ou *tomatillo* étant l'espèce choisie par nos pharmaciens et médecins pour faire leurs études de chimie ou de médecine, nous lui donnerons la préférence dans la description des caractères botaniques (1).

S. tomatillo — Plante ligneuse, à tiges flexibles, tortueuses, glabres, fréquemment rugueuses et touffues; les branches sont herbacées, glabres; les feuilles alternes, solitaires, pétiolées, oblongues ou oblongues-linéaires, de quatre à huit lignes de largeur, d'un pouce et demi à deux pouces et demi de longueur, obtuses, arrondies à l'extrémité, coriacées, grosses, entières, ridées-ondulées sur les bords, con-

(1) Nous avons utilisé pour ce travail, celui de MM. Bustillos et Vasquez publié dans le deuxième volume des « *Anales de Farmacia* »; l'étude chimique physiologique et thérapeutique est tirée de celui du *S. Tomatillo* de M. Jean B. Miranda; deux courts mémoires de M. Adolfo Larenas Alfaro sur le « *Natri* » et le *Witheringina* et enfin, quelques notes prises sur un mémoire manuscrit du Docteur Alberto Navarette.

caves sur les deux faces, et pliées, rugueuses quand elles sont sèches, de vingt à trente fleurs pédonculées, violacées, en corymbe terminal à l'extrémité des branches ; les pédoncules sont glabres et rameux ; le calice est petit, avec cinq dents assez larges ; la corolle hispide à l'extérieur, glabre à l'intérieur, avec des segments ovales et obtus ; le style est d'une longueur double de celle des étamines ; les fruits sont de la grosseur d'un pois, globuleux et d'une couleur rouge foncé.

Cette plante est commune dans toutes les provinces centrales, et de facile acclimatation dans les pays tempérés.

On emploie les feuilles, les branches et même la tige ; mais le principe actif est plus abondant dans les premières.

A une époque, un de nos pharmaciens la recommanda dans un mémoire publié dans les *Anales de Farmacia*, en 1864, comme un puissant remède contre l'hydrophobie, et comme l'agent le plus sûr rencontré jusqu'à ce jour contre cette terrible maladie ; mais, de l'étude des observations publiées, il résulte qu'aucune ne présente des caractères positifs et sérieux. De simples renseignements donnés par des personnes étrangères à la science, des racontars de pauvres gens de la campagne, telles furent les bases sur lesquelles on essaya de former la réputation du *Natri*.

Le *Natri* est une plante qui jouit d'une renommée bien méritée comme tonique et fébrifuge, et dont la réputation est hors de toute controverse. Personne n'ignore, au Chili, ses bons effets et ses propriétés. On a porté sa réputation à une plus grande valeur qu'elle n'en possède en réalité.

Nous écrivions, il y a de cela vingt-trois ans, les réflexions suivantes sur cette plante :

« Les fièvres typhoïdes bilieuses, si communes parmi nous, principalement dans les campagnes, dans la chaude saison d'été, à cause d'une exposition prolongée des travailleurs au soleil, dans les battages du blé et autres travaux agricoles, sont connues généralement sous le nom indigène de *Chavalongo* (mal de tête). Dans cette affection, et dans toutes les fièvres d'un caractère typhoïde, l'emploi du *Natri* en infusion ou en décoction, soit en lavements ou en boisson, par doses petites et répétées, produit de très bons effets. Son emploi, limité il y a peu de temps aux gens de la campagne, s'ouvre peu à peu un chemin et prend la place qui lui convient dans la matière médicale chilienne, en raison des résultats heureux obtenus par son application dans la fièvre typhoïde qui a régné à l'état épidémique dans l'année qui s'écoule.

» Les personnes auxquelles j'ai recommandé son emploi ont été très satisfaites de son action, et se félicitent de posséder une médecine à si bon marché et si puissante pour les maladies qu'ils croyaient jusqu'à présent presque incurables ! »

Depuis cette époque, de nombreuses expériences ont été faites sur le *Natri*, et aussi quelques études scientifiques ; nous allons en donner ici un extrait. Libre à ceux qui voudraient les connaître d'une manière approfondie, de recourir à la lecture même des travaux que nous avons cités dans la note bibliographique.

Selon l'analyse pratiquée par M. Larenas, les cendres des feuilles de *Natri* contiennent :

Phosphate de chaux.
Carbonate de chaux.
Carbonates alcalins.
Chlorures alcalins.
Sulfates alcalins.

Le docteur Miranda dit que la composition qualitative de ces cendres est de :

Sulfate de potasse.
Phosphate de potasse.
Carbonate de potasse.
Chlorure de potassium.
Chlorure de calcium.
Phosphate de chaux.
Phosphate de fer.

La composition de la partie organisée est complexe, et il y a eu divergence d'opinions entre ceux qui en ont fait l'analyse ; mais tous sont d'accord sur l'existence d'un alcaloïde sur lequel MM. Bustillos et Vasquez ont, les premiers, appelé l'attention.

Suivant MM. Miranda et Larenas, ce sont les feuilles qui contiennent la plus grande quantité de ce produit, ayant obtenu, le premier, jusqu'à 2 pour cent des feuilles, et 1,90 pour cent de la tige, branches et feuilles telles qu'on les vend dans nos pharmacies.

M. Miranda la nomme *Natrina*, et M. Larenas, *Witheringina;* mais, nous croyons plus juste et plus convenable de lui conserver celui de *Natrina :* 1° parce que le nom de *Natri* est plus populaire et plus connu ; 2° parce que cette plante est un véritable *Solanum* et non une *Witheringina.*

Les caractères de ces alcaloïdes sont analogues comme nous allons le démontrer :

Natrina (Miranda)	*Witheringina* (Larenas)
Blanche-jaunâtre.	Blanche-jaunâtre.
Saveur amère qui dure de 15 à 30 minutes.	Saveur amère très intense et persistante, jusqu'à être nauséabonde.
Soluble dans l'alcool et plus solubre dans l'eau bouillante.	Elle est d'autant plus soluble dans l'eau, qu'elle est plus concentrée, surtout dans l'eau bouillante.
Insoluble dans l'éther et le chloroforme.	Insoluble dans l'éther, le chloroforme ne la dissout pas.
Elle fond d'abord, et se carbonise ensuite, répandant une odeur de corne brûlée.	Elle fond d'abord, et se carbonise ensuite, répandant une odeur de poix liquide et des vapeurs ammoniacales.
Les acides concentrés lui donnent une couleur rouge.	Les acides concentrés lui donnent une couleur rouge.
L'ammoniaque, la potasse et la soude, forment avec la *Natrina* des sels qui se précipitent.	La potasse, soude, ammoniaque, chaux, magnésie et carbonates alcalins forment des sels qui se précipitent.

La *Natrina* forme des sels cristallisables avec les acides minéraux, ils ont été obtenus très purs par M. Larenas. Avec les réactifs de Mayer, Bouchardat et Dragendorff, on peut reconnaître les solutions aqueuses qui contiennent des sels de *Natrina*, étant beaucoup plus sensibles au dernier, qui donne un précipité rouge-orange dans la solution de 1 pour 3,000 de sulfate de *Natrina.*

Le procédé recommandé par M. Larenas pour obtenir des sels cristallisés de « *Natrina* » est le suivant :

Feuilles de *Natri*	10 kilos.
Eau acidulée avec de l'acide sulfurique à.	0.50 o/o jusqu'à les couvrir.

Les feuilles de *Natri* préalablement triturées dans de l'eau acidulée digèrent pendant 48 heures, à une température de 70 à 80 centigrades ; on exprime ensuite le liquide sous une presse, et le résidu se soumet à une nouvelle dissolution dans de l'eau acidulée à 0,25 pour cent à la même température, et pendant le même temps, et on exprime de nouveau les liquides. On renouvelle une troisième fois l'opération afin d'épuiser complètement la feuille, mais avec la moitié de l'acide employé dans la seconde dissolution. On réunit les liquides, on les évapore à un feu lent jusqu'au tiers de leur volume, et on passe au filtre de toile, à froid. Dans ce cas, le liquide est fortement coloré et a une saveur amère très intense. On procède alors à la précipitation de la matière résineuse et colorante, en y mettant, peu à peu, des doses de 50 grammes de liqueur de sous-acétate de plomb, jusqu'à ce qu'il soit légèrement en excès.. Comme il n'est pas possible d'apprécier, à la simple vue, le moment dans lequel il y a un excès de plomb, on filtre une petite quantité du liquide quand on présume avoir employé la liqueur plombée nécessaire, et sur le liquide filtré on verse un peu d'une solution faible de bichromate de potasse. S'il n'y a pas un excès de plomb, le précipité ne se formera pas, et s'il existe il sera jaune. Une fois convaincu, donc, que l'excès de plomb existe, on agite fortement le liquide avec une spatule de bois, et on verse le tout dans un filtre de toile, prenant le soin de filtrer de nouveau la première potion passée. Avec cette opération, le liquide que contient la *Natrina* à l'état d'acétate, reste, sinon incolore, du moins, d'un jaune à peine perceptible.

« Pour le faire devenir complètement incolore, il suffirait de précipiter le liquide par le bicarbonate de soude, dissoudre de nouveau ce précipité dans l'acide sulfurique, et précipiter encore par le sous-acétate de plomb, filtrant enfin le liquide quand il y a un léger excès de ce sel. On procède ensuite à séparer l'excès de plomb par un courant d'hydrogène sulfuré qu'on fait pénétrer dans le liquide. On extrait le précipité par filtration et on l'évapore au bain-marie jusqu'à ce que le liquide dépose le sel, si on veut obtenir l'acétate de *Natrina.* J'ai utilisé ce sel pour préparer le sulfate. A cet effet, je précipitai la liqueur par le carbonate de soude, et, ayant bien lavé le précipité, je le fis dissoudre dans l'eau acidulée, avec l'acide sulfurique à *un pour cent*, ayant soin que le liquide colorât en rouge, et imperceptiblement, tout au plus le papier bleu de tournesol. L'ayant obtenu, je passais au filtre et fis ensuite la concentration au bain-marie jusqu'à obtenir les premiers cristaux. Enlevé du feu, une masse cristallisée se forma par le refroidissement, et chose curieuse, les cristaux de « sulfate de *Natrina* », à la simple vue, sont très ressemblants aux cristaux du sulfate de quinine. »

Les préparations officinales qui pourraient être recommandées sont : la teinture alcoolique, l'extrait, l'infusion ou la macération, et plus spécialement, la « *Natrina.* »

Quant à l'action physiologique du *Natri*, le docteur Navarrette qui l'a pris pour s'en rendre compte, l'apprécie de la façon suivante :

« Le jus des feuilles, ou l'infusion de l'écorce de *Natri*, pris à jeun, produit d'abord, une répugnance due à sa saveur excessivement amère ; mais, une heure ou deux après son ingestion, on sent dans l'estomac un léger stimulant et une vague sensation d'appétit ; cette sensation augmente progressivement et devient bientôt impérieuse. Simultanément on ressent un bien-être et une agilité qui invitent à l'exercice, celui-ci devient vite indispensable, car à mesure que l'absorption du médicament augmente, une froideur peu sensible survient, avec élévation appréciable des papilles du derme, et souvent de légers frissons. La température descend d'un demi-degré, au moins, pour revenir à son état normal trois ou quatre heures plus tard. Le pouls, en même temps qu'il diminue de plénitude, se ralentit. En continuant pendant quelques jours l'expérience, les fonctions du ventre se facilitent, et il en survient souvent une légère fluxion intestinale, sans ténesme ni borborygmes. Ni la respiration, ni le système nerveux, ne furent influencés par cette préparation, la seule que j'ai employée. »

M. Miranda, qui a opéré avec les sels de *Natrina,* a rencontré les mêmes effets physiologiques, plus marqués encore par la force de l'agent qui servit à l'expérimentation, surtout ceux qui se rapportent à l'abaissement de la température. A fortes doses, la *Natrina* produit des nausées, des vomissements et des évacuations ; son action locale est assez irritante, soit appliquée sur la peau dépourvue de son épiderme, ou bien administrée en injections hypodermiques ou énèmes.

Les voies d'élimination des sels de *Natrina* sont les émonctoires rénaux. M. Miranda a toujours rencontré dans l'urine les sels de *Natrina,* qui paraissent ne pas se décomposer à travers le torrent circulatoire. L'urine des personnes qui se trouvent sous l'influence de ces préparations, dit ce même observateur, comme celle des albumineuses, produit une grande quantité d'écume si on agite le flacon qui la contient, écume qui persiste pendant quelques heures.

Les nombreuses expériences vérifiées, soit dans les hôpitaux, soit dans la pratique civile, et dans les diverses maladies pyrétiques, manifestent d'une manière évidente l'action antithermique de cette plante, employée en infusion, ou par l'administration des sels de son alcaloïde.

J'ai pu constater que l'effet de ces sels est très semblable à celui des sels du quinine; ils n'altèrent les forces que momentanément, sans jamais les détruire, me servant d'une expression aussi pittoresque qu'exacte de l'école de Montpellier. Le *Natri* est un tonique qui exerce une action antithermique, sans troubler d'une façon notable aucune fonction de l'organisme, et maintient les forces du malade, et, par ce moyen, abrège la convalescence de ces longues maladies dans lesquelles la chaleur fatigue et détruit les forces et les tissus.

Convenons, néanmoins, que le *Natri* et les sels de *Natrina* n'ont pas le pouvoir de baisser la température au-delà d'un degré et que son action, sous ce point de vue, ne dure que quelques heures.

Je confesse que le *Natri* et ses préparations sont inférieures dans leur action et dans leur pouvoir, à la quinine et à ses sels; mais je dois aussi déclarer qu'on chercherait en vain un médicament plus innocent, plus facile à administrer, qui présente moins d'inconvénients dans son emploi, et qui soit plus facile à obtenir dans nos campagnes. Vu nos ressources et nos conditions de sociabilité dans ces endroits, prenant en considération la misère de nos paysans, la rare densité de la population rurale, leur éloignement des villes et des villages, l'ignorance du peuple et le manque absolu de secours dans lequel on le maintient, le *Natri* est un médicament qui peut être employé sans crainte, une ressource de grande importance dans toutes les fièvres de mauvaise nature, dans toutes les pyréxies de longue durée, parce qu'il est efficace et que son usage n'offre aucun danger.

Il est bon que dans les villes on ait recours et on préfère d'autres antithermiques de plus grande activité et qui offrent plus de garantie et dont l'action est plus stable; mais laissons le *Natri* en usage administré par la voie stomacale ou répété en énèmes, comme l'humble, mais efficace serviteur du paysan, qui vit éloigné de la fiévreuse activité qu'on appelle la civilisation.

PATATA

Solanum tuberosum, Lin.

La *Patata,* connue surtout en Amérique sous le nom de *papa* (1), n'a pas besoin d'être décrite; elle est trop connue pour qu'il soit utile d'insérer ici ses particularités botaniques. Notre intérêt, en la citant, est d'établir d'une façon positive son origine chilienne.

M. Claude Gay a prouvé, sans laisser prise à aucun doute, que la patrie primitive de ce précieux tubercule, sans lequel l'humanité vivrait avec peine aujourd'hui, est notre pays.

(1) *Pomme de terre.*

« En effet, dans le Chili, dit ce savant naturaliste, cette plante croît dans les endroits les plus sauvages, dans les déserts, dans les îles ; dans les Cordillères, on la trouve quelquefois avec une telle abondance que les Indiens ont donné le nom de ce tubercule à une de leurs régions, c'est-à-dire : *Cordillère des poñis*. A plusieurs reprises, en temps de grande disette, les Indiens ont eu recours à sa récolte, et les soldats de Pincheira (1) firent de même en pareilles circonstances. D'autre part, quand les forêts vierges de Llanquihue furent incendiées au profit des colonies allemandes, de toutes les plantes naturelles qui reparurent spontanément, la pomme de terre fut une des plus communes. »

Dans quel site, dans quelle cordillère de notre pays n'a-t-on pas rencontré la pomme de terre ? On l'a vue jusque sur le sommet des plus hautes et plus abruptes cordillères, où l'homme rarement arrive.

Dans ses lettres adressées au gouvernement espagnol, le conquérant don Pedro de Valdivia, dit que les Indiens de ce pays s'alimentaient avec les pommes de terre qu'ils allaient recueillir sur les collines.

Alphonse de Candolle admet, pour ces motifs, dans sa Géographie botanique, l'origine chilienne des pommes de terre, et considère peu fondées les opinions des naturalistes et historiens qui ont indiqué des espèces de *Solannm* à tubercules dans d'autres parties de l'Amérique andine, comme point de départ des nombreuses variétés qui se cultivent aujourd'hui.

Le Chili est donc le pays auquel l'humanité doit cet aliment qu'on voit journellement sur la table du riche, comme sur celle du pauvre, et qui a mitigé en grande partie les désastres que la famine produisait dans certains pays civilisés.

La fécule qu'on extrait de la pomme de terre, connue chez nous sous le nom de *Chuño*, est un aliment de digestion facile, très recommandé dans les affections des voies digestives pour les conva-

(1) Chef d'une bande d'insurgés à l'époque de la Guerre de l'Indépendance du Chili.

lescents et pour les enfants. A l'usage externe, on l'emploie dans les érythèmes et autres affections aiguës de la peau.

La pomme de terre cuite ou rôtie, est un aliment qui convient aux maladies du foie; et, son usage, avec le beurre peut être permis aux diabétiques.

Le Dr Juan Miquel dit que la pomme de terre, cuite, s'applique avec succès sur les brûlures et autres irritations de la peau: mêlée à la farine de lin, en forme de cataplasme, elle facilite la résolution, modifiant l'ardeur de l'état inflammatoire, et, si les tissus tendent à la suppuration, celle-ci est facilitée avec diminution marquée des souffrances; ce cataplasme, appliqué sur les épaules, dans les douleurs si fréquentes chez nous, offre un soulagement rapide et sûr; le même résultat s'obtient en plaçant le cataplasme sur le foie ou sur les reins, quand le mal est trop violent. Une infusion, ou, mieux, une légère décoction de la pomme de terre blanche (2 onces pour une livre d'eau) est une boisson excessivement laxative et diurétique, et très avantageuse pour les malades qui souffrent de congestions du foie, reins, vessie et urètre. Le miel que les abeilles élaborent de la fleur de la pomme de terre, pris pendant quelque temps au lieu de sucre, agit comme les balsamiques, et améliore toutes les altérations organiques terminées par ulcération et suppuration, spécialement celle du poumon, foie, reins et urètre.

Son usage est aussi très utile à tous les calculeux, soit qu'il s'agisse de pierres formées dans la vésicule biliaire, les reins, la vessie, et même pour les concrétions qui se présentent dans les articulations des goutteux.

LATUÉ

Latua venenosa, Ph.

Latua venenosa, Ph, *Annales Univ.*, 1861, I, page 310. — Bot. Zeit, XXI, page 33. — Lycioplesium puberulun, Gris.

« Il y a de cela six ans, dit M. Philippi, dans les Annales de l'Université du Chili, qu'on m'a raconté que les sorciers, chez les Indiens de la province de Valdivia, connaissaient une plante qui produit la folie aux personnes qui en font emploi, et on me nomma une jeune fille qui était folle parce qu'on lui avait fait prendre de ce poison. Ma curiosité pour connaître cette plante était grande ; mais comme les Indiens gardent bien leurs secrets, je demeurai longtemps avant de satisfaire mon désir. Par le Père missionnaire de Doglipulli, je sus que le nom de la plante était *Latué*, qu'elle croissait dans la cordillère de la côte, et que c'était un arbuste. Ce missionnaire en avait obtenu une branche, mais sans feuilles, ni fleurs, ce qui ne m'éclairait nullement sur la plante en question. M. Jean Renous put me donner des détails plus précis. Il me dit qu'il connaissait très bien la *Latué*, que c'était un arbuste épineux, très ressemblant à la *Tuya* ou *Palo Santo* (bois saint) (*Flotowia diacanthoides*) mais avec les fleurs semblables à la *Sarmienta Nepens*, de R. et P., et que quelques plantes existaient près de Lamihuapi. Il ajouta qu'un de ses bûcherons, ayant voulu panser une blessure qu'il s'était faite d'un coup de hache prit par erreur une tisane de *Latué*, au lieu de *Tuya*, et qu'il était devenu fou des suites de cette méprise, qu'il s'était enfui, et s'était caché dans un bois, où il fut trouvé trois jours après par des camarades. Ce malheureux guérit bientôt, mais il conserva pendant de longs mois des douleurs de tête. Les mêmes symptômes furent remarqués chez quelques Chilotes (habitants de Chiloé), lesquels, pour assouvir leur faim, avaient mangé de ce fruit, dans un voyage d'Osorno à Maullin ; ils arrivèrent fous à ce dernier lieu.

Tous mes efforts pour me procurer cette plante furent longtemps infructueux; je n'obtins que des branches et des feuilles de Lamihuapi, mais sans fleurs. Après deux ans d'attente, M. Ch. Orhserius m'apporta une petite branche avec des fleurs. Naviguant sur la rivière « Bueno », de Trumas vers Trinidad, il vit un arbuste en fleurs qui lui était inconnu; il en prit quelques petites branches et les garda dans son portefeuille. Par la description que m'avait faite M. Jean Renous, je reconnus bientôt le *Latué*, et que cette plante devait former un nouveau genre dans la famille des *Solanées;* mais, pour la décrire, la connaissance de son fruit me faisait encore défaut. M. Germain, dans le voyage qu'il fit dans la province de Chiloé, eut la bonne fortune de rencontrer, à une lieue et demie d'Ancud, un *Latué*, que là on nomme *Arbol de los brujos* (arbre des sorciers), en fleur et en fruit; je peux donc maintenant en faire une description scientifique, comme suit :

Latué, Ph.

« Le calice est infère monosépale, régulier, ouvert en forme de coupole, divisé en cinq lobes triangulaires aigus, aussi longs que la partie entière du calice, il augmente de grandeur dans le fruit. La corolle est monopétale, régulière, tubuleuse, amincie vers la base, un peu contractée avant le limbe, qui offre cinq dents aiguës, triangulaires, mais courtes, un peu infléchies. Il y a cinq étamines placées dans la base du tube, les filaments sont filiformes, un peu plus longs que la corolle, et velus dans leur partie inférieure; les anthères sont ovoïdes, biloculaires, et s'ouvrent dans leur longueur. Le style est aussi long que la corolle, filiforme, droit, et terminé en un stigmate ovale et bilobé. L'ovaire est petit et ovoïde. Le fruit est une baie plus grande que le calice, globuleux, biloculaire, couronné par la base persistante du style; sa cloison porte les placentaires qui semblent n'avoir pas été très gros. Les graines sont nombreuses, ascendantes, ovoïdes, plus comprimées d'un côté ; le péricarpe est assez gros, écailleux et rugueux. L'embryon est recourbé, situé au centre d'un albumen assez grand, et il possède deux cotylédons demi-cylindriques. La forme de la corolle, les étamines, plus grandes que celles-ci, etc..., distinguent à première vue ce genre des autres genres de la section des Atropinées dans laquelle on doit la placer.

» L'unique espèce connue jusqu'à présent, est la *Latua venenosa*, Ph. C'est un arbuste qui atteint quatre vares de hauteur. Ses branches principales ont un diamètre de deux pouces, et sont couvertes d'une écorce légère de couleur grisâtre, très rayée ; les fissures se remplissent d'une substance qui ressemble au liège.

« Les petites branches chargées de feuilles, sont également grisâtres, couvertes d'un duvet court et abondant, de couleur jaunâtre, qui tombe bientôt ; elles sont aussi épineuses. Les épines sont axillaires, elles naissent à côté d'un bourgeon (fréquemment, une petite feuille avortée occupe l'autre côté du bourgeon), arrivent à une longueur de 6 lignes, et portent quelquefois une petite feuille avortée. Les feuilles sont très serrées, alternes, oblongues-lancéolées, et généralement amincies, peu pétiolées, très entières et glabres, d'un vert foncé, du côté droit, plus pâles sur le revers, et penninervées; les plus longues ont 14 lignes sur 9 de largeur. Les pédoncules sont axillaires, solitaires, uniflores, droits, de 2 lignes de longueur, très velus, de même que le calice et la corolle, entourés à leur base de petites écailles ovoïdes. En fleur, le calice a trois lignes de long; en fruit mûr, 6 lignes. La corolle est de 16 lignes de longueur, d'une couleur violette très belle. La baie a la grandeur d'une cerise régulière, verte, approchant du jaune. Les graines sont noirâtres, et mesurent une ligne et demie. »

Cette solanée si active, dont les effets sont si semblables à ceux de la belladone, par le délire et les hallucinations qu'elle occasionne, n'a pas encore été étudiée sous le point de vue thérapeutique. Elle attend la bonne volonté de quelque investigateur pour découvrir, dans ses détails, sa véritable action physiologique et ses usages thérapeutiques.

M. Vasquez, qui l'a soumise à l'action de quelques réactifs, dit que la poudre de l'écorce est légèrement amère et âcre; que le produit obtenu par l'éther dans l'appareil de remplacement et évaporé, donne un produit noir, sec, inodore, de saveur d'abord âcre, et ensuite un peu amère, qui dure peu de temps. L'extrait alcoolique est sensiblement aromatique, amer, déliquescent, insoluble dans l'eau. La nature du produit obtenu par l'alcool fait croire qu'elle peut renfermer un principe actif. Pour combattre les effets du *Latué* on fait boire le jus exprimé de la *mora*, ou bien on met sur le malade des compresses d'eau glacée qui se changent constamment, jour et nuit, jusqu'à ce que les effets du poison disparaissent.

HUEVIL

Vestia bycioides.

W. hort. Beral., I, 208. — Gay, V, 97. — D. C., Prodr., XIII, a. 579. — Cantua ligustrifolia, Juss. — C. fœtida, Pers. — Periphragmos fœtidus, R. et P. — Cestrum Vespertinum, hort., Valent.

Arbuste de 90 centimètres de hauteur, glabre, d'odeur assez pénétrante, à tiges droites et rameuses; les feuilles sont serrées, presque sessiles, oblongues-entières, de diverses couleurs, coriacées, glabres; les pédoncules bi-à-quadriflores; la corolle en forme d'entonnoir est tubuleuse, jaune, trois fois plus grande que le calice; celui-ci est denté, violet-noirâtre; la capsule est ovale, bi-loculaire.

Il croît depuis Valparaiso jusqu'à Valdivia, dans les lieux sombres et sur les ruines. De son bois et de ses feuilles on retire un liquide qui sert à teindre en jaune.

Les feuilles sont amères et les fruits le sont davantage, à tel point que l'expression *plus amer que le huevil* est aujourd'hui un dicton proverbial pour indiquer une chose d'un goût amer prononcé ou une personne de mauvais caractère. Malgré l'amertume de ses fruits, il arrive, comme dans le *Natri*, que ce n'est pas là qu'existent les principales vertus de cet arbuste.

On fait des feuilles de cette plante le même emploi que de celles du *Natri* (voies stomacales et rectales), comme toniques et fébrifuges, aux mêmes doses et pour les mêmes cas. Elle jouit à Valdivia d'une grande réputation comme vermifuge. On y a trouvé un principe alcaloïde nommé *Güevilina* qui a des propriétés et des caractères ressemblant à ceux de la *Natrina*.

PALQUI

Cestrum Palqui.

L'Herit. Stirp., I, 73, tab. 36. — D. C., Prodr., XIII, a. 616. — Gay, V, page 95. — *C. Virgatum*, R. et P., Flor. Per., II, p. 21.

Arbuste à tiges droites et cylindriques. Les feuilles sont lancéolées, entières, aiguës, atténuées en pétioles à leur base, glabres, de 8 à 10 centimètres de long. Les fleurs axillaires ou terminales disposées en corymbes ou en panicules sur pédicelles à peine pubescents. La corolle est d'un blanc jaunâtre et même noirâtre, avec le tube dilaté depuis la base jusqu'à l'extrémité, et les baies sont d'une couleur pourpre-jaunâtre. De nombreuses glandes sont disséminées sur l'écorce et contribuent à donner l'odeur désagréable qui caractérise cette plante.

Le *Palqui* est un arbuste qui croît avec profusion dans toutes les provinces centrales du Chili, et qui jouit d'une grande renommée. Il existe un adage national qui dit : « *plus connu que le Palqui* », quand on veut parler de personnes très connues

Les parties employées sont les feuilles fraîches, desquelles on extrait le jus, et les raclures de la tige dépouillée de son écorce.

Ces raclures, prises en infusion, ont un effet sudorifique, et on les administre dans les cas de refroidissements et de fièvres. Il y a peu de Chiliens, je crois, qui n'aient fait usage de ces infusions, dans les cas cités, tant sa renommée est universelle. Pour ma part, je considère le *Palqui* comme un sudorifique véritable, très peu inférieur au *Jaborandi*, et je crois justifiée la confiance que le peuple a dans ses vertus.

Pris en lavements avec addition de quelques blancs d'œufs, il est très recommandé contre les fièvres du printemps et même dans les fièvres typhoïdes.

Le suc des feuilles fraîches exprimées dans un peu d'eau est employé avec avantage dans les affections eczémateuses de la peau, dans les herpès dans la zone (herpès zoster) dans l'impetigo et dans presque toutes les affections aiguës de la peau, qui se caractérisent par la présence de vésicules et ampoules.

Il est regrettable qu'on n'ait pas pratiqué jusqu'à ce jour l'analyse d'une plante si importante et d'un usage si étendu et qu'elle n'ait pas été étudiée avec l'attention qu'elle mérite.

Le seul fait d'appartenir aux Solanées fait supposer que le *Palqui* contient un élément actif; l'odeur qu'il exhale est très forte et bien plus prononcée vers la fin des jours d'automne. Les animaux du pays ne le mangent pas et les animaux récemment importés qui en mangent, tombent malades et même meurent.

Les phénomènes qui s'observent sur les animaux, dans ces cas, sont les suivants : dans les premiers moments, un état d'hébétement, suivi d'une enflure abdominale, diminution de l'urine et rétention des excréments.

Le *Palqui* contient-il un alcaloïde, qui, comme celui des autres Solanées, paralyse les fibres intestinales? Je l'ignore, mais l'intoxication que ressentent les animaux bovins, qui le mangent, manifeste le pouvoir d'un principe actif puissant, qui mérite, je le répète, d'être étudié d'une façon attentive.

« Le Père Rosales dit dans son Histoire du Chili que le jus de ses feuilles exprimé sur les plaies cancéreuses, les améliore et les empêche de suivre leur marche; en même temps il les nettoie et les désinfecte. Les Indiens en font usage dans les fièvres de la manière suivante : ils prennent les branches fraîches et, avec un couteau, ils raclent légèrement la deuxième écorce, sans arriver au cœur de la tige, et ils déposent ensuite ces raclures dans une cruche d'eau; la secouant ensuite avec force, ils la filtrent, la sucrent, et la font boire ainsi toutes les après-midi aux malades de fièvres cholériques et sanguines et dans les fièvres putrides ; cette boisson produit des effets merveilleux. »

La raclure est une préparation officinale de notre pharmacopée. Comme sudorifique j'emploie fréquemment la potion suivante :

R.			
	Infusion de Palqui	100	grammes
	Liqueur d'acétate d'ammoniaque......	10	—
	Sirop de bourrache	15	—

Pour prendre en deux fois.

PERSONÉES

PALPI

Calceolaria thyrsiflora.

Grah. Bot. Mag., t. 2915. — Gay, V, 162. — D. C., Prodr., X, 219. — Var. Alliacea, Ph. *An. Univers.*, 1873, 530.

Petit arbuste de quelques centimètres de hauteur, vigoureux, presque glabre ou glanduleux-velu ; les feuilles sont nombreuses, fasciculées, étroites-linéaires, amincies à leur base, dentées et vertes ; les fleurs jaunes, disposées en un thyrse allongé ; les divisions du calice sont ovales, glanduleuses, jaunâtres ; la corolle petite, également jaune, sous-globuleuse.

Il croît dans toutes les provinces centrales ; on lui donne les noms de *palpa* ou *yerba dulce* (herbe douce). Ce dernier nom lui vient de la saveur douce de ses feuilles, qui sont employées dans la médecine populaire comme cicatrisantes dans les gerçures des lèvres, dans les affectons de la gorge, dans les aphtes de la langue et les stomatites.

On emploie le jus exprimé des feuilles.

RELBUN DE LA CORDILLERA

Calceolaria arachnoidea.

Grah. Bot., Mag., t. 2874. — Gay, V, 182. — D. C., Prodr., 209.

Plante herbacée, à tiges minces, élevées, rougeâtres, très peu velues; les feuilles sont nombreuses, radicales, oblongues, ou ovales-spatulées et amincies en pétiole, entièrement couvertes d'un duvet très serré, d'une belle couleur blanche; le corymbe terminal avec peu de fleurs très pourpres, assez grandes.

Deux espèces de cette calcéolaire ont été décrites ; dans l'une les feuilles sont couvertes d'un duvet dense, abondant et blanc; dans l'autre, elles sont très vertes et le duvet est rare.

Le *Relbum* de la Cordillère croît sur les hautes montagnes andines, depuis Coquimbo, jusqu'à Concepcion. Il ne faut pas le confondre avec le *Galium relbum* de famille distincte, quoique de propriétés en parties semblables.

En effet, la racine du *relbum* de la Cordillère sert pour teindre en une couleur rougeâtre comme le *Galium relbum* et possède également des propriétés astringentes qu'utilisent les gens de la campagne.

GESNÉRIÉES

VOCHI-VOCHI

Mitraria coccinea.

Cav., Ic., VI, lam., 579. — Gay, 347, D. C., Prodr., VII, 537.

Arbuste grimpant, presque parasite sur les troncs des arbres, à rameaux opposés, faibles, un peu velus et presque articulés; les feuilles sont opposées, naissant quelquefois de trois en trois, et, dans ce cas, une est plus petite que les deux autres, ovoïdes, pointues, quelquefois oblongues, dentées; les fleurs solitaires, axillaires; la corolle est grande, rougeâtre.

C'est une plante grimpante, commune dans les forêts des provinces de Valdivia, Chiloé, etc.

MM. Chatterton et Pennesse disent que les feuilles et l'écorce de cette plante sont rafraîchissantes et légèrement purgatives.

Une pommade faite avec deux parties de saindoux et une partie de poudre est recommandée dans les maladies de la peau; d'après ces messieurs, la dose serait d'une demi-once pour une livre d'eau, en infusion ou décoction.

BIGNONIACÉES

TRIACA

Argilia Huidobriana.

Clos. — Gay, IV, 411.

D'une racine grosse, jaunâtre, écailleuse, sort une seule tige d'un décimètre de hauteur, simple ou partagée, mais seulement à la base, en deux ou trois rameaux ascendants, quelquefois flexueux, cylindriques, striés, mais avec beaucoup de feuilles dans la partie inférieure; celles-ci sont digitées, avec six ou huit folioles bipennifides, toutes couvertes sur chaque face, de poils courts, raides et rudes; les fleurs sont jaunes, réunies au nombre de quatre ou de cinq dans la partie supérieure de la tige et supportées par un pédoncule très court; le calice est couvert de poils courts et rudes; la corolle est cinq fois plus grande que le calice et glabre.

Elle croît dans les cordillères des provinces centrales et on lui donne le nom résonnant de *Triaca*.

Les *Curanderos* (1) emploient beaucoup la racine de cette plante qui, comme on l'a déjà dit, est grosse, jaunâtre, et qui n'a ni odeur ni saveur prononcée, dans quelques affections de l'estomac, lui attribuant des propriétés légèrement stimulantes.

Les habitants de la campagne la demandent souvent dans les pharmacies.

VERBÉNIACÉES

SANDIA LAHUEN

Pl., III, 157. — Gay, V, 10. — D. C., Prodr., XI, 552. — Multifida, R et P. — Odorata, Meyen, etc.

Herbe polymorphe, ordinairement couchée sur le sol, très rameuse, couverte d'un léger duvet serré et cendré, qui la rend rude; les feuilles sont pennifides ou trifides; les supérieures avec des lobes ovales-oblongs ou lancéolés, obtus; les fleurs sont roses, disposées en épis, qui apparaissent d'abord comme des capitules, mais qui s'agrandissent ensuite; le calice est très étroit et vert; la corolle rose ou violacée, avec les lobes échancrés.

Elle croît sur les collines des provinces centrales, où on la connaît aussi sous le nom prosaïque de *Yerba del incordio* (herbe du bubon).

On emploie les feuilles et les petites branches. Elle a une saveur aromatique assez prononcée, surtout en infusion, forme préconisée comme remède dans la paresse stomacale, retard ou dérèglement de la menstruation, catarrhes de la vessie, leucorrhées et blennorrhagies. Ses propriétés balsamiques et aromatiques la font apprécier de la médecine domestique où nous l'avons vue employée et où nous avons pu apprécier et constaterses bons résultats.

(1) Individus qui font les fonctions de médecins.

C'est une plante utile et qui rend de grands services dans les campagnes.

Ruiz et Pavon disent que l'infusion de cette herbe est recommandée comme diurétique et apéritive.

VERBENA

Verbena littoralis.

H. B. Kunth., Nov. gen., II, 276. — Gay, V, 21. — Bonariensis, var. littoralis Hook. — Var. leptostachya, Ph. *An. Univ.*. 1870, II, 191.

Plante herbacée, de cinquante centimètres à un mètre de hauteur, partagée en longues branches élevées, quadrangulaires et cannelées comme la tige ; les feuilles sont opposées, oblongues-lancéolées, aiguës, irrégulièrement bordées de fortes dents aiguës, fréquemment inégales et légèrement subjacentes sur chaque face ; elle possède des épis longs, formant une panicule à l'extrémité de la tige, et avec des fleurs petites et violacées.

C'est une plante commune dans les vergers et dans les champs de presque toutes les provinces du Chili ; son odeur est légèrement aromatique.

Le jus des feuilles de cette verveine, joint au saindoux, a des propriétés vulnéraires bien caractérisées ; cette pommade, appliquée sur les blessures en décomposition, les améliore d'une façon notable, comme nous l'avons constaté dans les salles des hôpitaux il y a déjà quelque temps. Son infusion se donne à l'intérieur dans les affections chroniques du foie, et ses feuilles s'appliquent en cataplasmes comme résolutives. Cette espèce jouit également de qualités balsamiques.

La *Verbena littoralis* remplace parmi nous la *V. officinalis*, plante si vantée dans les temps anciens, où les druides la recueillaient au milieu de grandes et mystérieuses solennités. La verveine était une herbe sacrée, à laquelle on attribuait des vertus presque divines, selon Mérat.

LAMPAYO

Lampayo officinalis.

F. Ph. Ms.

Arbuste à tiges nombreuses, courtes, grosses, jaunâtres, couvertes de petits rameaux courts, opposés, chargés de feuilles pressées, opposées, coriacées, ovoïdes, entières, brièvement pétiolées ; il a peu de fleurs à l'extrémité des rameaux, avec la corolle tubuleuse, étroite, d'un bleu pâle.

Plante aromatique de la haute Cordillère, entre San Pedro de Atacama et Pica, formant des petits buissons, quelquefois de plusieurs mètres d'étendue, mais de 50 centimètres au plus de hauteur et très touffus.

Les habitants lui donnent le nom de *lampaya* ou *lampayo* et le regardent comme un remède universel, l'employant fréquemment et avec une confiance très grande. Selon M. Belisario Java, de Pica, l'infusion d'une once de *lampayo* dans un litre d'eau est un excellent sudorifique pour les refroidissements, les rhumatismes et la syphilis.

LABIÉES

MENTHA

Des menthes qui croissent en Europe, trois espèces sont extraordinairement communes au Chili et arrivent à être considérées comme de mauvaises herbes.

Dans les campagnes du Sud nous avons vu d'immenses plaines couvertes de l'odorant *poleo* (pouliot) et, sur les bords des canaux et des ruisseaux, elles forment des touffes épaisses.

La *Mentha piperita,* connue sous le nom de *Yerba buena;* la *M. critata* appelée *Bergamota*, et la *M. pulegium*, le *poleo* (pouliot) ont les mêmes emplois et sont recommandées dans les mêmes cas qu'en Europe.

Le nom de menthe est originaire de la mythologie des Grecs ; la fille de Cocyte la portait comme emblème.

Chez nous, le *poleo* (pouliot) est considéré comme préservatif des maladies contagieuses ; il n'est donc pas étonnant de voir quelques personnes timides en faire usage et porter sur elles un peu de cette plante pendant les épidémies et quand elles pénètrent dans l'appartement d'un malade qui souffre d'une maladie contagieuse. Il est probable que cette coutume provient de l'odeur pénétrante qu'elle possède, sachant qu'un grand nombre de désinfectants employés jusqu'à un temps peu éloigné étaient tous des substances douées de forte odeur, comme le camphre, les hypochlorites, l'acide phénique, etc.

OREGANILLO

Gardoquia Gilliessi.

Grah. Ed. phil. Journ., 1831, 377. — Gay, IV, 494. — D. C. Prodr., XII, 235. Chilensis, Beuth.

Petit arbuste, à rameaux rougeâtres, velu quand il est jeune, et entièrement couvert de petites feuilles linéaires-oblongues, obtuses, amincies vers la base, entières, les bords recourbés, coriacées, glabres ; les petites grappes axillaires sont composées de quatre à six fleurs, entourées à leur base de feuilles linéaires.

Assez commun dans les provinces centrales, il y est regardé comme un stimulant, à un moindre degré que l'*Oregano* cependant, et il y est employé comme tel.

SALVIA BLANCA

Sphacele Lindleyi.

Benth. en Lind. Bot. Reg. — Gay, IV, 506. — D. C. Prodr., XII, 255. — St. Salviæ, Lind. — Gard. Salviæfolia, Colla.

Plante divisée en branches allongées, tomenteuses; les feuilles sont ovales-lancéolées, obtuses, cordiformes à leur base, vertes et déprimées en dessus, blanches-tomenteuses en dessous.

La *Salvia* des Chiliens se trouve dans les provinces centrales. Elle est assez en usage et paraît posséder les vertus de la *Salvia* européenne (*Salvia off. L.*). Selon M. Vasquez, l'espèce que nous décrivons contient une bonne quantité d'huile essentielle. On lui attribue des propriétés toniques, mais spécialement stimulantes et stomachiques.

La partie la plus employée est la feuille, qui se mâche dans les cas de paralysie faciale; on frictionne en même temps le visage avec la salive imprégnée du jus. Les gens du peuple ont une grande confiance dans l'action stimulante que produit cette plante, dans ce cas, (comme presque dans tous les cas de paralysie faciale occasionnée par le froid) et des personnes sérieuses certifient ses bons effets.

On lui accorde aussi des propriétés emménagogues, sans la croire pourtant capable d'éviter la stérilité, comme le peuple le dit en Europe.

TORONJIL CUYANO

Marrubium vulgare.

L. sp. 816. — Gay, IV, 508. — D. C. Prodr., XII, 453.

Il me paraît inutile de spécifier ici les caractères botaniques de cette plante, que je crois originaire d'Europe. Cependant, la spontanéité avec laquelle elle se développe parmi nous, peut, jusqu'à un certain point, la faire considérer comme indigène ; c'est pourquoi je me permets de l'intercaler entre les plantes médicinales chiliennes.

Le *Toronjil Cuyano* ou *Yerba cuyana*, comme on la désigne aussi, a un emploi assez généralisé et étendu dans les maladies du cuir chevelu. C'est la plante qui jouit de la plus grande renommée dans le traitement de l'alopécie, et, en certaines occasions, on en a fait un remède exploité comme un secret de grande importance. Divulgué plus tard, son emploi est aujourd'hui assez commun, et on la voit figurer surtout dans le cabinet de toilette des femmes.

Pour la chute des cheveux, on l'emploie en décoction, en teinture faible, ou sous forme d'extrait. On assure qu'elle maintient et fortifie les cheveux, donnant à toute la chevelure un développement considérable.

En vue des résultats que j'ai pu connaître, comme témoin, je ne la crois pas un agent à dédaigner et je pense qu'il n'y a aucun inconvénient à la prescrire.

On la vante aussi comme vulnéraire et je l'ai vue recommandée à la place du *Matico*.

YERBA SANTA (i otras) — **HERBE SAINTE** (et autres)

Stachys, sp., Lin.

Les épiaires, dit Philippi, dont on a décrit plus de cent soixante-dix espèces, croissent dans presque toutes les parties du monde. Il y en a au Chili neuf, qui ne sont pas faciles à distinguer et qui s'emploient comme remède. Par exemple : 1° la *St. albicaulis, Lind.*, petit arbuste des provinces centrales, dont la tige est couverte d'une laine blanche et les dents du calice épineuses. On l'appelle *Herbe de sainte Marie ;* 2° la *St. Bridgesii* des provinces du sud, dont la tige est également laineuse et blanche, mais avec les dents du calice tendres ; on la nomme *Herbe de sainte Rose* ; 3° la *St. grandidentata*,

Lind., des provinces centrales avec la tige verte, etc., c'est l'*herbe sainte*, les fleurs sont roses (1).

Postérieurement, le même M. Philippi a décrit cinq nouvelles espèces, comme on peut le voir dans le catalogue publié par son fils Frédéric.

On concède à toutes ces herbes des propriétés fébrifuges, altérantes, dépuratives et vulnéraires. Les gens de la campagne s'en servent dans ces cas; elles n'ont qu'une consommation très restreinte dans les villes.

Ce genre a joui en Europe de la même renommée qu'ici, et on lui attribuait les mêmes propriétés qu'aux espèces ci-dessus décrites.

PLANTAGINÉES

LLANTEN

Plantago major.

L. sp., 163. — Gay, V, 200. — D. C. Prodr., XIII, a. 709. — Frigida, Poepp. — Grandiflora, Meyer. — Platypetala, Walls, var. argentea et hirsuta, Ph.

Plante annuelle, racine chevelue; les feuilles sont grandes, ovoïdes-cordiformes ou ovales, avec trois, cinq ou sept nervures, presque glabres, entières ou avec des dents dirigées vers la base du pétiole; les pédoncules longs, gros, velus ou glabres, terminés par un épi long et cylindrique.

Cette plante est très commune au Chili, où on peut la considérer comme indigène, les parties dont on fait usage peuvent se classer dans l'ordre suivant : les feuilles, la racine et les graines. Les feuilles, imprégnées d'une substance grasse, servent pour résoudre

(1) R. A. Philippi, *Eléments de Botanique,* 1869 pag. 300.

les engorgements glanduleux, les enflures de tout genre, plus spécialement celle des parotides, et pour panser les vésicatoires. Leur décoction se recommande en gargarismes dans les inflammations peu aiguës de la gorge ou de la partie intérieure de la bouche. A l'usage externe on l'emploie comme vulnéraire. L'infusion est employée comme collyre. Les graines, quoique contenant une légère quantité de mucilage, peuvent être considérées comme émollientes et employées comme telles.

Comme en Europe, elle n'est en usage, ici, que dans la médecine domestique.

CHENOPODÉES

PAICO

Ambrina Ambrosioïdes.

Spach. Veg. Phan., V. 297. — Gay, V, 234. — D. C. Prodr., XIII, t. 72.

Le genre *Ambrina* a chez nous trois représentants très caractérisés. Celui que nous venons de nommer, la *A. Chilensis* de Spach, velue, dont les feuilles sont semblables par leur forme à l'espèce précédente et la *A. pinnatisecta* (*Herniaria paico*, de Molina). Ce sont des plantes herbacées, annuelles ou vivaces, très aromatiques avec des fleurs hermaphrodites et femelles par avortement des étamines ; le périgone est quinquéfide ; il y a cinq étamines avec de gros filaments ; trois stigmates longs, l'ovaire est oblong ; l'utricule ovoïde, enveloppé en forme de capsule par le calice ; les graines sont lisses, quelquefois obtuses sur les bords, horizontales, quelquefois verticales. De nombreuses petites glandes se trouvent sur les feuilles.

Elle est très commune dans toutes les campagnes, de Coquimbo à Valdivia, et si répandue dans les jardins qu'elle est regardée comme une plante nuisible.

Les parties dont on fait usage sont les feuilles et les graines.

« Toute la plante est d'une couleur verte peu prononcée et exhale une forte odeur de bois pourri; sa décoction est efficace dans les maladies de l'estomac, dans toutes les indigestions et très utile aussi dans la pleurésie. — MOLINA. »

Feuillée donne au *Paico* le nom vulgaire de *Manga paico*. « Cette plante, selon lui, est adoucissante, astringente et vulnéraire; les Indiens en boivent la décoction dans les douleurs et les coliques; ils en font aussi usage contre la dysenterie et pour arrêter le cours ordinaire du ventre.

« La racine du *Pichen*, que les Espagnols appellent *Paico*, et toute la plante, est, dit Rosales, très médicinale; particulièrement les graines pilées ou seulement grillées se mangent à jeun pour faire cesser les gaz et son ingestion réconforte l'estomac, régularise le ventre et facilite la digestion. Elles augmentent la vertu spermatique, donnent de la force au cerveau et absorbent l'humidité superflue de l'estomac. Elles ont une vertu diurétique, facilitent l'urine; leur décoction chargée, mélangée avec du bon vin, de l'huile de Ruda ou du miel d'abeilles, s'administre en lavements et donne un très bon résultat pour les douleurs du foie, maux de ventre et apoplexie. Pour le mal de tête elle est aussi très bonne et les Indiens la préparent en chauffant la plante dans une casserole de terre, arrosée ou non avec du vin, et l'appliquent ensuite sur les tempes ou sur le front.

» Elle a aussi une grande vertu pour guérir les chairs endurcies et violacées, les changeant doucement en matières, les nettoyant jusqu'à arriver à la partie saine et arrêtant le mal. Pour cela, on fait cuire les feuilles et les branches, on lave avec le liquide la partie endurcie, plaçant dessus les feuilles en forme d'emplâtre, bientôt on voit la partie dure se convertir en matière qui s'écoule, on met ensuite sur la chair, afin de la faire se reformer, une feuille imprégnée de suif et la guérison vient bientôt. Les femmes l'ont en grande estime, parce qu'elles guérissent des maladies causées par l'absence de la menstruation; celle-ci ne venant pas, leur sang se coagule et s'endurcit, leur donnant l'apparence d'être enceintes, et ressentant de fortes douleurs qui quelquefois les font mourir. Le remède est dans les racines de cette herbe; elles boivent une écuelle de cette eau, chaude, et en reçoivent la vapeur, bien couvertes; ainsi traitées, durant une demi-heure, elles transpirent et guérissent bientôt. »

On prépare une eau distillée avec les feuilles de *Paico*, une infusion, un extrait et un élixir.

Les graines forment partie des espèces carminatives chiliennes, composées de :

Fruits d'anis....	parties égales.
— fenouil.....	
Alcorabea paico......... ..	

Le *Paico* contient une huile essentielle à laquelle il doit son importance thérapeutique.

C'est une des plantes les plus fréquemment employées dans le pays par ses propriétés carminatives, excitantes et emménagogues.

Prise en infusion, elle remplace avec avantage la menthe dans le choléra, pendant lequel elle a été très employée; dans les indigestions, paresse stomacale, et dans tous les cas d'atonie du tube digestif. Comme emménagogue on la recommande dans les cas de rétentions de la menstruation, dysménorrhées et coliques utérines.

L'infusion se prépare au 4 pour cent et on la boit à la dose de 68 à 100 grammes chaque fois. Il n'y a pas d'inconvénients à la faire prendre après avoir mangé, au lieu de thé ou de café, puisqu'elle aide à la digestion.

L'élixir se donne à la dose de 10 grammes. Les graines se prennent à jeun, ou peu de temps avant les repas, par quantités de 2 à 5 grammes.

Dans la médecine de l'enfance, je n'ai jamais eu à me repentir de son emploi, comme carminatif. Sous ce point de vue, je n'en connais aucun qui vaille mieux.

QUINOA

Chenopodium Quinoa.

W. sp., I, 1301. — Gay, V, 230. — D. C. Prodr., XIII. t. 66.

Plante annuelle, cultivée dans une grande partie du pays, surtout dans la région centrale ; elle atteint un mètre de hauteur, entièrement glabre, à tige anguleuse herbacée ; les feuilles sont supportées par de longs pétioles amincis, plus ou moins ronds, cunéiformes à leur base, minces, couvertes d'une poudre vert-blanchâtre, elles deviennent ensuite rougeâtres ; les fleurs sont farineuses, sessiles, réunies en grappes allongées, paniculées, compactes ; les filaments des étamines très comprimés ; les graines aiguës à leur contour, lisses et luisantes.

« Il y a deux genres de *Quinoa*, dit Rosales ; un, blanc (*Ch. album*, L), et l'autre, rouge, dont la graine est fine comme celle de la moutarde, très connue, que les Indiens sèment en abondance afin d'en faire de la *Chicha* ; ils la mangent aussi réduite en farine. Ces deux genres font un bon remède pour les chutes de cheval ou d'une hauteur quelconque ; il suffit de mettre une poignée de graine moulue dans l'eau chaude et d'envelopper le malade jusqu'à ce qu'il transpire ; on évite ainsi la formation des abcès et les plaies se ferment, réunissant les chairs. Cuites dans la nuit et prises en bouillie, elles facilitent les évacuations chez les malades ; grillées et réduites en farine, elles purifient le sang et les humeurs. »

Le fruit de la *Quinoa* est un aliment farineux très agréable. On prépare avec ce fruit une boisson fermentée, la *Aloja*, d'un goût agréable, légèrement piquante et rafraîchissante, vendue en grande quantité dans les pâtisseries pendant l'été. Prise après dîner, elle occasionne des indigestions. Elle agit comme diurétique.

La décoction de *Quinoa*, à la dose de 100 grammes, deux ou trois fois par jour a été recommandée dans les coups, abcès et suppurations internes, comme aussi dans les affections catarrhales et spécifiques des voies urinaires. Est-ce un médicament qui agit comme le cubèbe? Je ne puis l'assurer. De toutes façons, il conviendrait d'essayer son action dans ces cas, en la donnant en poudre dans une capsule amylacée pour rendre son ingestion plus facile.

PHYTOLACCÉES

PIRCUN

Anisomeria drastica.

Mocq. D, C. Prodr., XIII, t. 25. — Gay, V, 256. — Poepp. et Eudl., Nov. gen., t. 43-44. — Pircunia drastica, Bert. — Phytolaca drastica, Poepp. et Eudl.

Anisomeria coriacea.

Don Ed. neu. phil. journ., 1832, 238. — Gay, V, 256. — D. C. brodr., XIII, t. 26.

Ces deux espèces sont connues sous le nom de *Pircun* et leur racine sous le nom de *Congrio*; mais la première espèce (la *A. drastica*), contenant, suivant l'analyse pratiquée, une plus grande quantité du principe actif, est la seule enregistrée dans la pharmacopée chilienne, bien qu'on emploie les deux de la même manière. Nous nous contenterons d'indiquer les principaux caractères botaniques qui la caractérisent, les prenant de l'ouvrage si important et si vaste de Gay (1).

La *Anisomeria drastica* est une plante vivace, à racine très grosse, napiforme, à tiges nombreuses, cylindriques, revêtues de

(1) Sources d'informations : *Etude sur le genre Anisomeria*, par Daniel Cruzatt, *Revista medical*, an XI, pag. 241. — *Traité de Pharmacie*, par A. Vasquez, t. II, pag. 255.

feuilles abondantes, grosses, oblongues-elliptiques, coriacées, mucronées, avec la nervure centrale très prononcée; elle possède des grappes de fleurs de neuf à douze pouces de longueur et élevées; les lobes du calice sont elliptiques-obtus, concaves; on trouve de cinq à six styles; les fruits sont comprimés, très luisants, rouges.

Elle croît dans les terrains pierreux des Cordillères des provinces centrales.

Bertero en dit ce qui suit: « *Pircun*, petit sous-arbuste, commun sur les versants des montagnes entre les pierres, à Cauquenes, Taguatagua et autres lieux. La racine, semblable à un gros navet, possède la vertu émétique et purgative au plus haut degré. Les habitants des campagnes l'emploient fréquemment et, quoique à petites doses, elle a quelquefois des résultats funestes. C'est un des remèdes qui ne devraient être administrés que par un médecin. Une bonne analyse et une bonne expérience, pratiquées par un médecin intelligent, donneraient une connaissance exacte de ce remède qui, dans certains cas, me semble digne d'être employé de préférence.

La racine du *Pircun*, seule partie dont on fait usage, est napiforme, grande, pesant quelquefois un kilo, dure, ligneuse, compacte, ridée, inégale, striée à l'extérieur et d'une couleur foncée, jaunâtre, d'un blanc gris à l'intérieur; son goût est légèrement sucré.

Elle contient, selon MM. Vasquez et Cruzat, une matière saccharine très abondante (selon Cruzat, quinze grammes de racine donnent trois grammes de cette matière sucrée), de la gomme, une résine et une substance, jusqu'à présent peu étudiée et mal définie, cristallisée, blanche, peu soluble dans l'alcool et dans l'eau.

On obtient cette substance cristallisée, dit M. Cruzat, en réduisant par évaporation 30 grammes de teinture alcoolique à 15 grammes; on ajoute 150 centigrammes d'acide sulfurique ordinaire; on agite le tout pendant six heures et on y ajoute ensuite une solution de potasse caustique au dixième. Aux premières gouttes versées on verra un précipité blanc se former et se dissoudre aussitôt; mais quand on ajoute 4 grammes de la solution, une énorme quantité de précipité se forme ; si on l'évapore, il en reste une substance cristallisée. La matière saccharine et la gomme s'obtiennent par la macération de la racine dans l'alcool à 90° et la matière résineuse par l'évaporation de la teinture alcoolique.

Les préparations officinales du *Pircun* sont les poudres, la teinture alcoolique et l'extrait résineux.

La meilleure et celle que doit préférer l'usage médical est la teinture qui, suivant notre pharmacopée, se prépare au dixième pour cent.

La préparation des poudres de *Pircun*, pratiquée sans les précautions nécessaires, occasionne une irritation considérable des yeux, éternuements, inflammations plus ou moins passagères de la gorge et quelquefois un fort coryza avec elévation de la température ; le goût n'en est pas désagréable, vu la quantité de substance saccharine que contient la racine. A la dose de 10 centigrammes, l'usage interne de ces poudres détermine un dérangement dans l'estomac, nausées, vomissements, douleurs, coliques suivies d'abondantes déjections claires, séreuses, très souvent sanguinolentes. Selon M. Cruzat, la façon d'agir des poudres varie fréquemment suivant la nature et le tempérament des personnes, au point qu'il considère cette préparation comme incertaine. Cinq centigrammes de poudre, donnés en deux paquets, à dix minutes d'intervalle, ont produit, dans le plus grand nombre de cas, des nausées, vomissements, coliques, et deux ou trois évacuations, rares le premier jour ; le deuxième jour, des nausées et coliques, et aucun effet le troisième. A la dose de vingt centigrammes, il constate deux véritables empoisonnements de deux femmes ; toutes deux souffrirent de fortes nausées, une intense douleur à l'épigastre, de fortes coliques, des vomissements et évacuations sanguinolentes, un abattement profond, des sueurs froides et un abaissement de la température.

De notre côté, nous avons connu des morts produites par l'emploi immodéré des poudres de *Pircun*.

« On administra à six cardiaques avec anasarque considérable, 5 centigrammes de poudre de racine de *Pircun*, en deux paquets, à deux minutes d'intervalle ; *trois* eurent des nausées, vomissements, coliques, dix dépositions séreuses abondantes ; *un* les mêmes symptômes et 20 dépositions séreuses ; *deux* des nausées, fortes coliques et aucune déposition. La même dose, administrée le lendemain, ne produisit aucun effet sur tous. Une infusion de 0, 25 centigrammes de racine pour 120 grammes d'eau, produisit chez un cardiaque, avec un énorme œdème, 5 dépositions séreuses abondantes, deux vomissements, quelques coliques ; une dose égale le lendemain ne produisit qu'un seul effet. Chez le même malade, la décoction de 25 centigrammes de racine pour 400 grammes d'eau, le tout, réduit à 250 grammes, n'a donné aucun résultat pendant deux jours, pas même de légères coliques. — CRUZAT. »

La teinture alcoolique, administrée de 20 à 30 grammes, occasionne également des vomissements, fortes coliques, abattement, évacuations qui, quelquefois, sont sanguinolentes.

La dose de 2 à 4 grammes de teinture alcoolique est celle qui doit être conseillée, quand on l'administre dans un but thérapeutique ; elle ne doit jamais être augmentée, et, dans ce cas, on doit la donner par fractions dans une mixture ou potion avec une substance aromatique pour mieux régulariser ses effets et empêcher ses inconvénients. A cette dose, ses effets sont ceux d'une purgation diurétique, et, très fréquemment, d'un diurétique, quand l'effet purgatif est rare. Ce résultat, d'une augmentation de la sécrétion urinaire, a été confirmé souvent, et il n'y a pas lieu d'en douter.

Nous devons donc reconnaître que le *Pircun* est un purgatif drastique de la plus grande activité ; que, comme la plupart des drastiques, son emploi provoque des nausées et vomissements, et que son usage doit se faire avec toutes les précautions possibles. Il est prudent de ne pas oublier aussi son effet diurétique dont nous avons parlé et qui lui est particulier. En effet, cette action a quelque chose d'étrange ; mais on peut l'expliquer, si on tient compte de ce fait qu'une partie de la substance résineuse paraît passer par les reins, et qu'on la retrouve dans les urines. Si on ajoute à l'urine d'une personne qui a pris du *Pircun*, contenue dans un tube, quelques gouttes d'acide nitrique, le chauffant ensuite, on verra se produire une coloration d'une belle teinte pourprée. Les vomissements et coliques que le *Pircun* occasionne peuvent être supprimés par l'emploi des limonades et de quelques gouttes de laudanum, comme je l'ai conseillé il y a déjà quelque temps.

De l'action physiologique de ce puissant agent de la matière médicale chilienne, peuvent se déduire ses applications thérapeutiques. Les congestions cérébrales ou aiguës des poumons, les hydropisies, œdèmes généralisés dépendant d'altérations circulatoires du cœur, ou des gros vaisseaux, les ascites, pleurésies avec épanchements, qui menacent la vie du patient par asphyxie, telles sont les principales affections pour lesquelles la teinture du *Pircun* peut être recommandée, en un mot, dans tous les cas où il est nécessaire d'agir avec promptitude, où l'évacuation immédiate de l'intestin est conseillée, et dans ceux où les drastiques sont appelés à remplir leur rôle. Il faut cependant ne pas oublier son influence irritante sur l'estomac, la facilité avec laquelle il provoque les nausées et vomissements, raison pour laquelle il faudra défendre son emploi dans les cas où cet organe est compromis.

Nous trouvant d'accord avec M. Cruzat sur la manière d'apprécier les qualités de cette plante, nous donnons ici les conclusions qui mettent fin à son mémoire :

1° La famille des Phytolaccées, remarquable par ses deux espèces d'*Anisomeria*, dénommées *Pircun*, est appelée à occuper une des premières places dans notre thérapeutique nationale, quand son étude aura été complétée et son analyse faite avec plus d'exactitude.

2° La partie employée jusqu'à ce jour est la racine, et il semble qu'elle est le siège du principe actif.

3° La meilleure préparation pharmaceutique est la teinture alcoolique. Son action purgative est plus sûre et sans aucun inconvénient pour les autres organes ; l'action diurétique ne se montre pas toujours.

4° L'emploi de la poudre, préparation dangereuse dans son action, doit se proscrire ou être employée avec une grande prudence.

5° L'urine prend toujours une couleur pourprée, avec l'acide nitrique ordinaire et la chaleur.

6° Les propriétés purgatives et diurétiques sont en raison inverse l'une de l'autre.

7° Les deux espèces d'*Anisomeria* jouissent des mêmes propriétés; mais la drastique est plus active et doit être préférée.

POLYGONÉES

SANGUINARIA

Polygonum chilense.

Koch, Linnea, XXII, 206. — Non Pursh. — D. C. Prodr., XIV, 88. — Sanguinaria, Remy en Gay, V, 270.

Les tiges sont ligneuses et les branches très longues, étendues, minces, glabres, cylindriques, nues dans la partie inférieure; les feuilles alternes, oblongues-lancéolées ou linéaires, glabres, aiguës, avec les nervures parallèles et saillantes; les fleurs axillaires, géminées ou fasciculées, pédicellées.

Plante commune sur les bords de la mer depuis Coquimbo jusqu'au Maule.

Cette herbe est très employée dans la médecine populaire. L'infusion et la décoction sont considérées généralement comme une excellente boisson pour purifier le sang; de là, son emploi si commun dans les cas de suspensions menstruelles, spécialement chez les femmes qui jouissent d'une bonne santé et de constitution plus ou moins robuste, dans les rhumatismes, fièvres, et dans tous les cas où on craint une pléthore sanguine.

Comme rafraîchissante ou légèrement tonique, on en fait un grand usage dans la saison des chaleurs.

On lui attribue aussi des propriétés diurétiques, que nous sommes loin d'accepter.

On l'emploie seule, ou mélangée avec la *pimpinela* chilienne (*Acaena pinnatifida*).

QUILO ou MOLLACA

Muehlenbeckia chilensis.

Meisn. D.C. Prodr., XIV, 148. — Sagittifolia, Remy et Gay, V, 274. — Polygonum injucundum, Lindl.

Arbuste, glabre avec les branches flexueuses, et même volubiles et grimpantes; les feuilles sont variables, oblongues, elliptiques, en forme de flèche; fleurs axillaires et réunies en une espèce de grappe; les fruits noirâtres, renflés, triangulaires, un peu plus gros qu'un grain de blé.

On le rencontre depuis Coquimbo jusqu'à Valdivia et depuis les bords de la mer jusqu'aux Cordillères andines.

Ses fruits sont doux, agréables et comestibles. On en faisait autrefois une boisson fermentée qui remplaçait le vin.

Les racines et les feuilles sont employées en infusion ou décoction, comme diurétiques, dans les cas d'abcès du foie, si communs dans notre pays, et pour prévenir les résultats des coups et des chutes.

ROMASA

Rumex romassa.

Remy et Gay, V, 280. — Berlandieri, Meisn.

Plante vivace, entièrement glabre, à gros rhizome, long et lisse; les feuilles sont pétiolées, oblongues-elliptiques, aiguës à l'extrémité, minces, entières, grandes, finement frisées sur les bords; les fleurs terminales disposées en épis assez longs, sans feuilles. Toute la plante devient rouge foncé quand elle est sèche.

C'est une plante assez commune dans les lieux un peu humides du centre et surtout dans les provinces du sud.

Les feuilles servent pour panser les vésicatoires et sont regardées comme vulnéraires, rafraîchissantes et diurétiques ; cuites ou passées dans l'eau bouillante, on les emploie en cataplasmes dans les ulcères de toutes espèces, fièvres, abcès et tumeurs enflammées. En raison de ses effets également émollients et rafraîchissants, on en boit aussi le jus et l'infusion de la racine s'administre à l'usage interne.

Je n'ai jamais entendu dire que la racine de la *Romasa* possédât les propriétés purgatives de quelques-unes de ses congénères.

ASARINÉES

OREJA DE ZORRO (1)

Aristolochia chilensis.

Miers. Trav., II, 531. — Gay, V, 329. — D. C., XVI, 461. — Setigera, Klot.

Plante à racine fusiforme, odorante, donnant issue à plusieurs tiges minces, striées, tendues, jaunâtres ou rougeâtres, avec des feuilles veineuses entières, de diverses grandeurs, beaucoup plus longues que larges, très obtuses, glabres, d'un beau vert en dessus, pourvues de quelques petits poils fermes dans les nervures et sur le bord ; les fleurs sont d'une couleur pourpre grisâtre, glabres en dehors et en dedans, couvertes d'un duvet blanc, solitaires à l'aisselle des feuilles et avec le limbe simple.

On donne aussi à cette plante le nom de *Yerba de la virjen* (2).

(1) Oreille de renard.
(2) Herbe de la vierge.

Elle croît sur les collines exposées au soleil, dans les endroits sablonneux et voisins de la mer des provinces centrales et du Nord.

La racine de cette plante dont l'odeur indique les propriétés médicinales est employée en infusion, comme emménagogue dans l'aménorrhée et pour provoquer les contractions utérines. Les auteurs, qui ont parlé de cette plante, disent que les femmes du peuple la prennent après l'accouchement, sans doute pour éviter les hémorrhagies et les coliques utérines provenant de cet organe.

MOMMIACÉES

BOLDO

Boldoa fragans.

Gay, V, 353. — Peumus Boldus, Mol. — Ruizia fragans, Pav. — Peumus fragans, Pers. — Bolius chilensis, Mol., Ed. II, 158. — Boldo arbor olivifera, Feuill.

Arbre élevé, à feuillage touffu, très aromatique, qui croît depuis la province d'Aconcagua jusqu'à Osorno; les feuilles sont opposées, ovoïdes-oblongues, coriacées, très entières, rudes, les fleurs blanches, odorantes, disposées en grappes; les drupes petites, jaunâtres, très douces et aromatiques.

Le premier nom générique de *Peumus* donné par Molina au *Boldo*, et accepté par Persoon, a donné lieu à de graves erreurs, confondant ainsi deux arbres de genre et famille divers, comme le *Boldo*, qui est traité par nous dans cet article, unique représentant du genre Boldoa, et le *Peumo*, de la famille des Laurinées, qui est la *Cryptocarya peumus* deNese.

« Ce joli arbre, dit Gay, est très commun sur les versants exposés au soleil, dans les provinces centrales, il se voit jusqu'à Osorno, et mérite d'être cultivé dans les jardins, pour ses belles fleurs blanches et odorantes. Son bois frais a l'odeur du poivre moulu et n'est bon à rien, car son charbon s'éteint promptement; mais la décoction de son écorce sert à faire disparaître l'odeur de vinaigre dans les barriques. Ses fruits sont très doux, ont peu de chair, et les noyaux ronds, très durs, servent à faire des grains de chapelet. Les feuilles, très aromatiques, sont employées, humectées avec du vin, dans les rhumatismes et fluxions de la tête; on fait aussi usage de sa décoction comme antisyphilitique, pour les hydropisies, et, de son jus, pour les douleurs d'oreilles. »

Bertero avait parlé de cet arbre, comme Gay. Frézier attribue à l'écorce du *Boldo* un goût piquant, semblable à celui de la cannelle, et à la feuille, l'odeur de l'encens. Molina dit que les agriculteurs lavent les fûts dans lesquels les vins fermentent, avec une infusion de feuilles de *Boldo*.

Ruiz et Pavon sont plus explicites et plus détaillés, dans l'usage du *Boldo*, quand ils disent : « Leve foliorum infusum ad indigestiones pracavendus loco theae et coffeae post cibum saccharo edulcoratum propinare solet. Decoctum in vino aut aqua factum temporibus, stomacho aut alvo applicatum, hœmicraneam et cephalalgicas dolores cedat, stomachum roborat, flatus discutit et nervus confortat. Cum una foliorum contusorum et tribus resinœ Pinus chilensis partibus feminœ conficient remedium, quod umbilico impositum uterinas passiones dissipat. Foliorum pulvis capitis purgandi causa, naribus frequenter adhibitur. »

Ce qui, traduit en français, veut dire : une légère infusion des feuilles, sucrée, prise après dîner, au lieu de thé ou de café, sert à éviter les indigestions. Une décoction, dans l'eau ou dans le vin, appliquée sur les tempes, l'estomac ou le ventre enlève les migraines et les céphalalgies, fortifie l'estomac, dissipe les gaz et réconforte les nerfs. Les femmes préparent un remède avec une partie de feuilles hachées et avec trois parties de la résine d'*Alerce* (mélèze), elles l'appliquent sur la région ombilicale, pour dissiper les passions utérines. Les poudres sont employées dans les cas de « coryzas » chroniques. »

Le *Boldo* se maintint dans le cercle étroit de son application dans la médecine des campagnes, et pour le nettoyage des futailles, jusqu'au moment où une circonstance inattendue fixa l'attention sur lui, éveillant un intérêt scientifique qui devait bientôt traverser les mers et assurer son importance comme médecine universelle.

En 1869, un M. Navarro, qui exploitait des terres dans le Sud, vit ses troupeaux de moutons attaqués d'une maladie qui faisait de nombreuses victimes. Le distome hépatique (*pirguines* de nos paysans) s'était développé et propagé dans le foie des animaux qui mouraient en grand nombre. La situatión de ce riche agriculteur était désespérée, car il ne trouvait aucun remède capable de combattre la maladie qui décimait ses troupeaux. Heureusement, une réparation qu'il eut besoin de faire dans la grande cour où on les parquait, se fit avec des branches de *Boldo*. Les animaux se mirent à manger les plus jeunes branches ; plus tard on leur fit boire de l'eau dans laquelle on avait détrempé des feuilles de *Boldo*, et les moutons guérirent. Ce fait fut rapidement divulgué, amplifié, commenté dans les journaux ; il mit le *Boldo* à l'ordre du jour, et dès lors les malades du foie s'empressèrent d'essayer son efficacité.

Les hommes de la science se préoccupèrent de rechercher en quoi consistaient ses propriétés, pendant que l'exportation conduisait vers les centres scientifiques ses feuilles et ses branches pour être analysées et mises à l'essai.

Dans une conférence publique, que je donnais, le 30 août 1871, dans les salons de la Société Médicale, je m'occupais attentivement de l'étude de cet arbre important, sous le point de vue thérapeutique et pharmaceutique. Après avoir parlé de ses principaux caractères botaniques, et fait l'historique des propriétés médicinales qui lui avaient été attribuées par les naturalistes qui en avaient parlé, j'arrivai à raconter les guérisons opérées sur les troupeaux de brebis de M. Navarro, les recommandations spéciales que cet agriculteur faisait des propriétés médicinales du *Boldo* et j'entrai dans tous les détails qu'on racontait sur ce brillant succès.

Depuis la guérison de ces troupeaux, ajoutai-je, l'application du

Boldo s'est généralisée dans les maladies du foie ; mais il est nécessaire de se bien pénétrer de ce fait que les brebis n'étaient pas attaquées d'une affection primitive du foie, mais seulement que cet organe était, comme un dépôt de ces parasites qui embarrassaient les fonctions gastro-hépatiques, ainsi que les fonctions générales, causant enfin la mort, et que, contre ces parasites, le *Boldo* avait fait sentir son action avec efficacité et grande promptitude. Il était donc nécessaire de ne pas se laisser éblouir par de trompeuses apparences, et de chercher avec un jugement plus sûr, la base scientifique et l'explication de la façon d'agir du *Boldo*, dans ces cas.

Etait-ce un antihelminthique seulement, ou valait-il davantage?

Les préparations du *Boldo* que je recommandai, furent l'infusion et l'extrait alcoolique. Ce dernier m'avait été donné par M. Vasquez, qui avait trouvé dans le *Boldo* une substance ressemblant à la térébenthine.

Pour les infusions, je recommandai les feuilles fraîches, parce qu'elles contiennent plus de parfum que les sèches.

L'infusion a une belle couleur jaune, son odeur est aromatique, nullement désagréable. Prise à la dose de 100 grammes, elle produit une légère chaleur à l'estomac, excite l'appétit et facilite la digestion; par dose plus forte, la chaleur à l'estomac est plus accentuée et il n'est pas rare qu'elle soit accompagnée de légères douleurs. Une infusion fortement chargée de *Boldo* peut, en plus des symptômes signalés, occasionner de fortes douleurs et des évacuations fréquentes, laissant une inflammation qui peut durer quelques jours. L'infusion de *Boldo* peut, en conséquence, être considérée comme stimulante, carminative et stomachique. Employée pendant quelque temps, elle occasionne quelquefois de légères éruptions cutanées qui disparaissent avec facilité. On doit la préparer, au plus, à 4 pour 100, et ne jamais passer la quantité de 200 grammes à prendre chaque jour. Si on veut la boire comme tisane, il faut alors diminuer la proportion de la substance active.

Je l'ai employé avec succès dans les dyspepsies (absence d'appétit, mauvaises digestions) confondues vulgairement avec les maladies de foie ; et, de là, comme aussi par son action contre le distome hépatique des brebis, provient, selon moi, l'erreur d'attribuer à cet arbre des actions exclusivement hépatiques ; son usage est bon, aussi, quand on sent une pesanteur au ventre, des douleurs vagues et incertaines de l'estomac, et, en bon nombre d'occasions, j'ai vu calmer les douleurs aiguës de quelques dyspepsies.

Par ses propriétés balsamiques, on peut le conseiller dans les cas d'abcès hépatiques de quelque durée, attendant que le calme soit revenu dans les phénomènes de réaction, parce que comme médicament excitant, la fièvre repousse son emploi.

De tous les extraits du *Boldo*, l'alcoolique doit être préféré, comme contenant la plus grande partie des principes actifs. Son goût est aromatique, piquant, rappelant celui de la térébenthine, mais il est dissimulé par l'odeur particulière du *Boldo.*

Croyant rencontrer quelque analogie entre ce produit et la térébenthine, j'en fis l'essai dans les maladies des voies urinaires, et plus spécialement dans les blennorrhagies.

Les observations que je vais présenter ont été prises à l'hôpital militaire qui était alors à ma charge.

1re Obs. — Le lit n° 60 est occupé par un soldat dont l'âge est de vingt à vingt-quatre ans ; il a quelques excoriations sur le gland, et, depuis 9 jours souffre d'un flux blennorrhagique, survenu après un coït suspect.

Le 24 décembre 1870 commença son traitement avec le *Boldo.* On lui administre, par jour, 3 pilules de 20 centigrammes d'extrait alcoolique, sans y joindre aucun autre médicament. Cinq jours après, le flux disparaît et le malade quitte la salle.

2me Obs. — Le 20 décembre 1870, le lit n° 27 est occupé par un soldat âgé de vingt-huit ans, robuste, fort. Il dit qu'il souffre d'une gonorrhée depuis 12 jours, et que son malaise est extrême, surtout pendant la nuit, parce qu'il a de fréquentes érections très douloureuses. La sécrétion est régulièrement abondante et âcre ; le prépuce est enflé et douloureux.

Ce même jour, je lui prescris 3 pilules d'extrait alcoolique de

Boldo de 20 centigrammes, avec addition dans chacune d'elles de 5 centigrammes de camphre, pour calmer l'excitation douloureuse du pénis.

Au dixième jour de ce traitement, le malade est guéri; la blennorrhagie terminée, et il quitte la salle.

3me Obs. — Le 21 décembre de cette même année, dans le lit nº 90 se trouve un soldat qui souffre d'une blennorrhagie sans complications, qui date déjà de 2 semaines. Je lui prescris 3 pilules par jour, de 20 centigrammes de *Boldo*. A la fin de la semaine, le flux a disparu; le malade quitte la salle.

L'effet du *Boldo*, comme modificateur des sécrétions des organes uropoïétiques était désormais assuré, et on pouvait affirmer ses effets dans les affections de la vessie. Mais, ajoutai-je, on peut supposer, que son principe essentiel devant s'éliminer par les bronches, comme il arrive avec toutes les huiles essentielles, son influence doit opérer également d'une manière favorable dans les affections des organes respiratoires.

Après ces considérations et d'autres analogues, j'arrivai, dans cette conférence, à établir les conclusions suivantes, qu'aujourd'hui encore je crois pouvoir considérer comme véritables et exactes.

Le *Boldo* contient des principes essentiels balsamiques qui le font apprécier dans un nombre considérable de maladies.

C'est un médicament utile et qui donne de bons résultats dans les affections des voies urinaires, principalement dans les blennorrhagies; et on doit supposer qu'ils devront produire les mêmes effets dans les maladies dorges anes de la respiration.

On peut le recommander dans la dyspepsie, soit que la cause provienne d'atonie ou de faiblesse des fonctions digestives, soit qu'il survienne un désordre bilieux.

Son administration est aussi quelquefois favorable dans ce même genre de maladies (dyspepsies) quoiqu'il y ait complication de gastralgie.

Il ne convient pas et son application est prohibée dans ces affections, quand l'existence d'un état saburral marqué existe, comme aussi dans toutes les maladies qui sont accompagnées de symptômes fébriles et inflammatoires.

On peut le recommander comme balsamique et carminatif dans les abcès hépatiques, une fois qu'on a obtenu la diminution des phénomènes de réactions inflammatoires.

Possédant une substance aromatique, qui est éliminée par les bronches, le *Boldo* peut se recommander dans les affections des voies respiratoires.

La guérison des troupeaux de M. Navarro paraît indiquer que le *Boldo* a des propriétés antihelminthiques.

Le *Boldo* ne tarda pas à acquérir une réputation à l'étranger, et à être étudié avec grande attention. Mais, parmi les observateurs de cette plante, M. Claude Verne s'est fait remarquer, en collaboration avec M. Bourgoin, en 1872, en découvrant la *Boldina* et renouvelant ses travaux sur le *Boldo* dans une thèse importante, en 1874, qui devait être couronnée par la Société de Pharmacie de Paris. Il a réuni plus tard toutes ses études sur ce végétal si utile, dans une brochure publiée en 1883. Pour l'étude médicale et physiologique du *Boldo*, Verne chercha l'importante collaboration de MM. Gubler, Dujardin-Beaumetz, Bourdon et Laborde.

Son analyse a donné à Verne : huile essentielle, *Boldina* (alcaloïde), tannin, acide citrique, chaux, gomme, sucre, et une grande quantité de matières aromatiques, noires, épaisses, dues probablement à l'oxydation de l'essence.

Le produit le plus abondant fourni par la plante est l'essence qui se trouve répandue dans tout le végétal. Pour l'obtenir, l'auteur employa divers procédés : en distillant la teinture éthérée obtenue dans l'appareil de remplacement; en distillant l'eau et en faisant passer sa vapeur sur les plantes placées sur le diaphragme d'un alambic. La *Boldina* existe en très minime proportion (un millième); elle est amère, peu soluble dans l'eau et dans la benzine, assez soluble dans l'alcool, le chloroforme et les solutions d'alcali concentrées.

M. Chapoteaut a trouvé dans les feuilles du *Boldo* (publication faite en 1884) un glucoside de saveur et odeur aromatiques. Un kilo de feuilles du *Boldo* produit trois grammes de cette substance.

Le docteur Laborde, qui a fait quelques essais avec ce glucoside, a prouvé dans une première série d'expériences, qu'un des principaux effets de cette substance, introduite dans l'organisme, soit en injections hypodermiques (cochon d'Inde), soit en injections stomacales (chiens), produit un sommeil tranquille, plus ou moins long, duquel les animaux sortent en se réveillant naturellement et en reprenant leur vie habituelle. Le docteur Laborde a observé, de plus, qu'après l'application d'injections à l'intérieur des veines, pratiquées sur des chiens, cette substance excitait et augmentait les diverses fonctions secrétoires, surtout l'excrétion et la sécrétion bilieuse et celles de la salive et de l'urine.

Les effets physiologiques et thérapeutiques que Verne attribue au *Boldo* ne diffèrent pas de ceux que j'ai observés dans mes premières études, comme on peut le voir dans les phrases suivantes que je copie d'un de ses travaux.

« Les résultats obtenus sur les hommes comme sur les animaux, nous font connaître que le *Boldo* doit être placé dans la catégorie des médicaments excitants. Par sa teinture, il entre dans le groupe des plantes aromatiques, et, comme elles, c'est un excitant général diffusible, et un stimulant des fonctions digestives. Par son essence, au contraire, le *Boldo* se rapproche des Térébenthines, possédant, comme celles-ci, une action excitante sur les fonctions urinaires.

» Guidés par ces premières indications, nous avons employé les préparations du *Boldo* sur deux groupes d'affections. Dans le premier cas, nous avons employé la teinture et le vin ; il s'agissait alors d'un cas d'anémie, de dyspepsie, de dépression des forces, en un mot, de toutes les circonstances dans lesquelles nous avons besoin de soutenir et de stimuler les forces, excitant légèrement les fonctions digestives. Dans le second groupe, nous devions combattre des affections catarrhales, et, particulièrement celles de l'appareil génito-urinaire, nous usâmes de l'essence.

Il résulte d'après quelques expériences vérifiées dans le laboratoire de physiologie de l'Ecole de médecine de Paris, que l'extrait de *Boldo* administré en injections hypodermiques chez les animaux, a produit un léger abaissement de la température et une faible action soporifère.

Les préparations dernièrement recommandées par M. Verne sont l'élixir et l'essence. Celle-ci se vend sous le nom de Boldo-Verne. On l'administre en gouttes et sa préparation obéit à une formule qui lui est propre.

Les maladies sur lesquelles il croit qu'elle agit avec une efficacité particulière sont les maladies du foie, voies digestives, urinaires et faiblesse générale.

Pour ma part, je crois que les préparations les plus importantes du *Boldo* et celles qui doivent être recommandées sont l'infusion et l'extrait alcoolique auxquels il est indispensable d'ajouter son huile essentielle.

LAUREL

Laurelia aromatica.

Spr. Syst. II, 470. — Gay, V, 355. — D. C. Prodr., XVI, II, 675. — Theyga chilensis, Mol. — Pavonia sempervivens, Ruiz. — Laurelia crenata, Poepp. — L. serrata, Best. — L. sempervivens, Tul.

Arbre très grand, qui atteint jusqu'à 30 mètres de hauteur et 2 mètres de diamètre, remarquable par son élégance et sa taille; très aromatique; les feuilles sont opposées, coriacées, oblongues, très glabres et luisantes, ondulées, serrées, avec une petite glande à l'extrémité de chaque dent et la nervure médiane très saillante en dessous ; les fleurs sont disposées en grappes, à l'aisselle des feuilles longuement pédicellées ; il possède dans les fleurs femelles de nombreux carpelles longs et soyeux, ce qui leur donne l'apparence d'un akène couronné par une aigrette comme dans les fleurs composées ; une longue queue forme le style.

Cet arbre, qui n'a aucun rapport avec le laurier européen, est aussi connu sous les noms indigènes de *Theigüe, Antigue* ou *Thigue* et on le confond avec le *Laurelia serrata* Ph., qui lui ressemble beaucoup par ses caractères botaniques et par l'usage qu'on en fait dans la médecine.

« Le laurier est, selon Gay, un arbre très commun depuis le trente-quatrième degré de latitude jusqu'à Chiloé. Il conserve pendant toute l'année ses feuilles qui ont une forte odeur de fenouil; elles sont d'une forme si élégante que les habitants de quelques villes portent ses branches dans la procession du dimanche des Rameaux et en tapissent le sol des églises. Son bois est blanc, cassant et très mou, facile à travailler étant très tendre. Les fleurs, les feuilles et l'écorce qui sont également aromatiques, servent comme remède pour les maux de tête provenant de refroidissements et courants d'air. L'infusion des feuilles est bonne, dit-on, comme antivénérienne, administrée en lotions, boissons, et sous la forme de bains, elle fortifie les nerfs et calme les affections paralytiques; on les emploie aussi en fumigations pour combattre les convulsions spasmodiques. »

M. Chatterton conseille l'emploi de l'infusion des fleurs, des feuilles et de l'écorce, comme emménagogue et excitante dans la suspension des règles, faiblesse d'estomac, etc., et les pommades préparées avec les feuilles en poudre pour combattre les affections herpétiques et autres maladies cutanées.

Le laurier est, comme on l'a déjà dit, un arbre très aromatique; il doit ses propriétés à l'huile essentielle qu'il renferme dans une certaine quantité. En conséquence, il jouit de toutes les propriétés stimulantes et balsamiques de ses congénères et on peut le conseiller dans le traitement des atonies du tube digestif, des affections des voies urinaires, probablement dans les bronchites chroniques et quelques autres maladies.

A la campagne, on en fait usage sous la forme de bains pour ceux qui souffrent de rhumatismes chroniques ou de paralysie; les poudres se recommandent dans les coryzas du même genre.

Les formes de son emploi pour l'usage interne sont l'infusion, la teinture alcoolique et le sirop.

LAURINÉES

LINGUE

Persea Lingue.

Nees, Syst. Laur., 157. — Gay, V, 295. — D. C. Prodr., I, 48. — Laurus Linguy, Miers.

Arbre d'un bel et agréable aspect, touffu et grand, arrivant parfois à plus de 20 mètres de hauteur; l'écorce est unie, de couleur cendrée; les feuilles sont ovoïdes, elliptiques, entières, coriacées, luisantes, glabres en dessus et un peu velues en dessous; les panicules très velus, d'une couleur rougeâtre de rouille, divisés en forme d'ombelles ayant chacune quelques fleurs courtement pédicellées; le fruit est une baie ovale-arrondie, glabre, d'un noir violacé.

Cet arbre est assez commun dans les provinces centrales et méridionales de la République.

Le cœur, d'une couleur rougeâtre, le rend très appréciable dans la menuiserie; son bois se polit facilement, ce qui le place entre le cèdre et l'acajou, tandis que la partie blanchâtre est facilement piquée par les vers et n'est presque pas employée.

Il contient beaucoup de tannin et une matière colorante.

L'écorce est la partie que l'industrie et la médecine emploient. Cette écorce est la plus usitée pour tanner les cuirs, les tanneurs la préfèrent à cause de la grande quantité de tannin qu'elle possède. Son exportation annuelle atteint 500.000 kilos pour le même usage.

Depuis de longues années j'use l'infusion du *Lingue* comme équivalente à celle de la *ratanhia*, possédant les mêmes proprietés. Je crois n'avoir pas besoin d'énumérer les affections dans lesquelles son emploi peut être conseillé, car je ne ferais que répéter le nom des maladies qui exigent des médicaments chargés de substances tanniques et qui sont très connues de tous.

Dans l'article suivant qui parle d'un arbre dont l'écorce est également riche en tannin, on trouvera le nom de quelques-unes de ces maladies.

PEUMO

Cryptocarya peumus.

C. Peumus, Nees. Syst. Laur., 222. — Gay, V, 300. — D. C. Prodr., XV, 75. Laurus peumo, Lin. — L. peumus, Mol. — Peumus rubra alba, mammosa, Mol.

Arbre élégant, assez touffu, de 10 à 15 mètres de hauteur ; les feuilles sont persistantes, coriacées, ovales, arrondies à chaque pointe, ou, quelquefois aiguës à leur base, soutenues par des pétioles cylindriques ; les fleurs sont droites, avec le périgone infundibuliforme, velu de chaque côté ; le fruit, plus petit qu'une olive, et de la même forme, est rouge, avec de légères dépressions linéaires dans le sens de son plus grand diamètre.

« L'écorce et les feuilles de cet arbre, appliquées en lavements, servent comme médicament pour les maladies du foie, et, ce remède est si efficace, qu'aussitôt absorbé, les malades sentent diminuer leurs douleurs. Ceux qui souffrent de douleurs rhumatismales prennent des bains avec la décoction de l'écorce et sentent peu à peu venir la guérison. — ROSALES. »

Le fruit est comestible et très estimé après sa cuisson ou une longue infusion. Il contient une substance grasse, il est très aromatique, et son odeur persiste dans la bouche longtemps après l'avoir mangé ; elle se fait aussi sentir dans quelques sécrétions. Avec les graines moulues, on fait une pommade dont le peuple fait un usage assez fréquent dans le traitement du catarrhe vésical, et dans toutes les affections abdominales qui peuvent provenir d'un refroidissement.

L'écorce contient une grande quantité de tannin, et, dans l'industrie, les tanneurs en font usage à défaut du *Lingue*. Ce même principe fait qu'on l'utilise en médecine dans les affections où on doit employer les plantes tanniques.

Sous forme d'injection vaginale, elle est utile pour combattre les hémorrhagies et la leucorrhée.

Les feuilles sont aromatiques, d'une odeur agréable, et on les prépare sous la forme de bains dans les rhumatismes chroniques; infusées dans du vin ou en teinture alcoolique, elles servent pour frotter les extrémités et les parties malades.

Le bois du *Peumo,* qui est très dur, est en usage dans l'industrie parce qu'il est incorruptible dans l'eau.

C'est un arbre qui n'a pas besoin de beaucoup d'humidité pour végéter; au contraire, il se développe très bien dans les terrains un peu secs.

PROTÉACÉES

RADAL

Lomatia obliqua.

R. Br. Trans. lin., X, 201. — Gay, V, 308. — D. C. Prodr., XIV, 450. — R. et P. Flor. per., tab. 97. — Embothryum hirsutum, Law. — Em. obliquum, R. et P.

Arbre de quelques mètres de hauteur dans les provinces centrales, mais qui peut atteindre 15 mètres dans les provinces du Sud, rameux, à branches un peu striées, d'un pourpre noirâtre dans la partie supérieure et glabre ; les feuilles sont alternes, coriacées, ovales, dentées, quelquefois presqu'entières, d'un vert très luisant pardessus ; les fleurs réunies en grappes axillaires, blanches, couvertes à l'extérieur d'un duvet couleur de rouille ; le fruit est un follicule ligneux.

Il est surtout commun dans les provinces du Sud, et on le voit au Nord, jusqu'au 33me degré de latitude, limite des Protéacées, au Chili. On lui donne les noms de *Radal, radan*, *raldal* et même celui de *Nogal*, à cause de la ressemblance de ses feuilles avec les folioles du noyer européen, spécialement par leur odeur. Son bois est très apprécié pour sa dureté et son élasticité ; il est veiné de blanc et rouge foncé et se polit facilement.

Gay dit qu'une variété dont le bois est coloré, est purgative, quand on administre son écorce en décoction. Pennesse dit aussi que les jeunes pousses et l'écorce du *Radal* sont employées dans les embarras gastriques, comme purgatif.

Mais, c'est surtout à M. Vasquez que nous devons l'usage de cet arbre généralisé dans la matière médicale chilienne pour les affections de la poitrine.

« L'analyse de cette plante fut pratiquée, dit M. Vasquez, dans son *Traité de Pharmacie* à l'occasion de l'histoire suivante. Un individu, charretier, souffrait depuis assez longtemps d'une affection asthmatique qui le tourmentait beaucoup. Un certain jour, conduisant sa charrette, et se sentant fatigué, il s'assit au pied d'un *Radal* et but de l'eau en abondance. (L'eau courait au pied de l'arbre et baignait son tronc.) Il se sentit à l'instant soulagé ; sa respiration était plus facile. Il suivit son chemin, et en arrivant chez lui, son état s'était amélioré. Aux demandes qu'on lui fit sur une guérison aussi prompte, il répondit qu'il avait bu de l'eau d'une source, à l'endroit où il s'était reposé durant sa marche, au pied d'un *Radal*. Lui ou les autres eurent l'heureuse idée d'attribuer à la plante les effets observés sur le malade ; et, depuis lors, elle fut appliquée à d'autres malades, attaqués du même mal. »

L'analyse donne le résultat suivant :

Lomacilo	10.0
Acide lomacique ou lomacinique	2.5
Lomacina	0.6
Chlorophylle et matière adhérente, en apparence résineuse	4.5
Résidu fibreux et sels	82.4
	100.00

Le *Lomacilo* est un principe amer, de couleur brune, amorphe, d'odeur prononcée, très peu soluble dans l'eau, assez soluble dans l'alcool.

L'acide lomacinique est une espèce de tannin, de couleur brun grisâtre, presque mordorée, d'une saveur légèrement amère et astringente; il se dissout dans l'eau, très peu dans l'alcool et dans l'éther.

Le principe alcaloïde que l'auteur a dénommé *Lomacina*, est très problématique et il est nécessaire de l'étudier de nouveau pour pouvoir assurer si en réalité il existe. M. Larenas est d'opinion que ce qu'on a appelé *Lomacina* n'est en réalité que du phosphate de chaux.

Les préparations du *Radal*, qui peuvent se recommander, sont : l'infusion, l'extrait alcoolique et le sirop préparé avec ce même extrait.

Il est indiscutable que le *Radal* produit de bons effets dans les bronchites chroniques et dans l'asthme bronquial lorsqu'il est humide. J'ai eu plus d'une fois l'occasion de vérifier les favorables résultats de son emploi, même sur des personnes de ma famille, et je crois que c'est un médicament qui peut très bien figurer dans notre matière médicale.

La partie utile est le bois.

L'infusion, préparée à 3 pour 100, peut s'administrer à grandes doses ; l'extrait, 2 décigrammes et plus ; le sirop, 2, 3 et 4 cuillerées.

HUINQUE

Lomatia ferruginea.

R. Br., I, c. 200. — Gay, V, 310. — D. C. Prodr., XIV, 449. — Cav. Ic., 385. Embothrium ferrugineum, Cav.

Petit arbrisseau, peu rameux, avec les bourgeons couverts d'un duvet velouté de couleur jaune clair ; les feuilles sont abondantes dans la partie supérieure des branches, les inférieures sont alternes, les supérieures opposées, grandes, bipennifides, glabres ou très peu velues en dessus ; par-dessous, couvertes d'un duvet ferrugineux, surtout les supérieures ; les fleurs sont jaunes, réunies en grappes molles; les graines sont couleur de fer.

Cet arbuste croît dans les lieux humides des provinces au Sud du Bio-Bio ; il mérite d'être cultivé dans les jardins, pour l'élégance de ses feuilles et ses charmantes fleurs. On lui donne aussi le nom de *Romerillo.*

Selon Gay, les habitants de Valdivia emploient la décoction de son bois, de ses feuilles et de son écorce, en les mêlant avec le *Tayu*, dans les abcès hépatiques ou dans les abcès extérieurs.

M. Juliet dit que, dans le Sud, il jouit de la renommée de purgatif, et qu'à cause de cette propriété, on l'administre contre les coliques.

MM. Chatterton et Pennesse disent que les feuilles et l'écorce de cet arbre s'emploient comme purgatifs et diurétiques ; il est aussi utile en gargarismes pour toute espèce d'inflammations de la gorge. L'infusion se prépare à 3 pour 100.

Je crois que les propriétés de cette plante méritent toute l'attention des médecins chiliens ; suivant moi, elle est très utilisable et doit posséder plus d'activité que celle qu'on lui suppose ; mais son analyse chimique est nécessaire, ainsi que des expériences sur les animaux pour fixer sa valeur thérapeutique.

CIRUELILLO ou NOTRU

Embothrium coccineum.

Forst. Gen., 15, tab. 8. — Gay, V, 306. — Cav. Sc., 65. — D. C. Prodr., XIV, 443.

Petit arbre, glabre, partagé en nombreuses branches dont l'écorce est unie et fréquemment vermeille ; les feuilles sont oblongues-ovales ou linéaires, très entières, de grandeur inégale, les fleurs membraneuses, d'un rouge vif, disposées en petits corymbes mous; les follicules contiennent une grande quantité de graines brunes, petites, terminées par une espèce d'aile.

Le *E. lanceolatum* de MM. Ruiz et Pavon, ne paraît former qu'une variété de l'espèce antérieure, suivant MM. Gay et R. A. Philippi.

Il croît depuis le 35me degré jusqu'à Magellan; il est plus commun dans le Sud, où il atteint un plus grand développement.

Les industriels disent que rien n'est plus précieux que le jaspé, les veines et le poli de son bois, qui devrait être plus employé par les ébénistes.

Les feuilles et l'écorce de cet arbre jouissent d'une renommée médicinale et on les recommande en infusion dans les affections glanduleuses, dans les névralgies dentaires, et à l'usage externe comme cicatrisantes.

Les auteurs de la Flore péruvienne et chilienne racontent que, dans les années 1766 et 1770, époque à laquelle les Araucaniens attaquèrent et assiégèrent les Espagnols dans Villagra, ceux-ci recueillirent le fruit de cette plante et préparèrent une espèce de farine, avec laquelle ils faisaient du pain.

AVELLANO

Guevina avellana.

Mol. Ed., II, 279. — Gay, V, 312. — D. C. Prodr. XIV, 347. — R. et P. Flor. per., t. 99. — Guadria herophylla, R. et P.

Arbre de 4 à 10 mètres de hauteur ; les feuilles sont pennées ou bipennées, alternes, avec des folioles ovoïdes, coriacées, persistantes ; les fleurs sont blanches et forment de longues grappes molles, axillaires, couvertes d'un duvet couleur de rouille ; les fruits sont ronds, de la grandeur d'une noisette européenne, d'un rouge vif avant la maturité ; ensuite ils deviennent noirs.

Il croît depuis le 35me degré vers le Sud. C'est un des plus jolis arbres par son aspect, par la couleur toujours verte de ses feuilles, la beauté de ses fleurs, et l'élégance de ses fruits, rouges avant la maturité. Ceux-ci se mangent ; ils sont nutritifs, très agréables, d'un goût excellent et huileux.

L'huile qu'on en retire se congèle à 12° de froid et peut s'employer avec avantage par l'industrie pour huiler les machines ; mais elle n'est pas siccative. Elle semble contenir une légère quantité de soufre, mais ce point n'est pas encore bien vérifié.

L'écorce de son bois et l'enveloppe de son fruit contiennent une certaine quantité de tannin, ce qui les fait utiliser, comme astringentes dans les diarrhées chroniques, pertes de sang, sous la forme d'infusion ; et en injections on les conseille dans les leucorrhées, métrorrhagies et autres flux du canal génital.

Le bois de cet arbre est tenace et élastique, qualités qui le faisaient employer par les anciens Araucaniens pour fabriquer leurs lances ; aujourd'hui on en fait des avirons.

THYMÉLÉES

PILLOPILLO

Daphne Pillo-pillo.

Gay, V, 315. — Ovidia pillopillo et parviflora, Meisn.

Arbuste s'élevant jusqu'à 4 mètres de hauteur, pyramidal, rameux depuis la base, couvert d'une écorce légère, cendrée, marquée par les cicatrices des feuilles tombées; les jeunes branches sont d'un pourpre noirâtre, d'autant plus velues qu'elles s'approchent de l'extrémité; les fleurs sont sessiles, oblongues-elliptiques, entières, aiguës, alternes; les fleurs sont blanches, un peu odorantes, disposées en ombelles ou en fascicules terminaux; le fruit est une baie fusiforme, obtuse à la pointe.

On note très peu de différence entre cette espèce et la *D. Andina* que Poeppig trouva près d'Antuco.

Le *Pillo-pillo* est commun dans les alentours de Valdivia. Il est souvent attaqué, selon Gay, d'une maladie qui lui donne une couleur jaunâtre et lui fait perdre ses feuilles et ses étamines. Son bois est blanc, très élastique, de peu de durée; on l'emploie pour la formation des haies, et il est apprécié pour la fabrication des guitares, etc.

M Vasquez a trouvé dans l'écorce du *Pillo-pillo* une proportion de daphnine telle, que sa valeur n'est pas moindre que celle du *Mezercon* et du *Torvisco*; au contraire, il le considère égal, sinon supérieur à ces espèces de daphnées. Même dans l'extrait, l'âcreté est si grande, qu'une portion plus petite que la tête d'une épingle, mise sur la langue, laisse une sensation d'âcreté tenace qui dure près de trois jours.

L'écorce du *Pillo-pillo* contient donc une substance âcre, irritante, raison pour laquelle il n'est pas rare de voir son ingestion provoquer des nausées, vomissements, évacuations du ventre nombreuses, accompagnées de fortes coliques et d'un grand abattement.

On l'a recommandée comme vermifuge; mais, dans ces cas, il est préférable de la remplacer par d'autres agents, moins irritants et moins à craindre.

Bon nombre d'empiriques emploient le jus de cette plante, occasionnant des empoisonnements aussi fatals que rapides.

Le *Pillo-pillo* peut remplacer le *Mezercon* sans désavantage aucun, dans les tisanes ou décoctions de salsepareilles composées, si préconisées comme anti-syphilitiques, comme dans son application sur les cautères, pour maintenir et raviver la surface en suppuration, soit sous la forme de pommade, soit en poudre ou simplement même l'écorce.

SANTALACÉES

QUINCHAMALI

Quinchamalium majus.

Brogn. Voy. coq., t. 52. — D. C. Prodr, XIV, 625. — Gay, V, pag. 319. — Bot. Zeit. l. C., 747. — Q. chilense, var. *a*: robustior, Hook.

Le genre *Quinchamalium* décrit par Molina comprend diverses espèces parmi lesquelles celle dont nous nous occupons est le représentant le plus important.

Plantes vivaces et même sous-arbustes, toutes très glabres, à feuilles linéaires et fleurs jaunes ou de teinte orange, terminales, disposées en épis courts et comprimés. Le fruit est une petite noix monosperme couronnée par un périgone persistant.

Le *Quinchamalium majus* a une racine ligneuse, blanche,

presque simple, qui donne naissance à plusieurs tiges cylindriques, striées, pourpres ou vert-rougeâtre. Les feuilles sont éparses, linéaires-filiformes, pointues à la partie supérieure, très glabres. Le style atteint presque la hauteur des anthères. Le fruit est rond, très uni et son diamètre est à peu près d'une ligne.

Le remarquable praticien, M. le Dr Juan Miguel, conseillait beaucoup la décoction de cette plante, prise à la dose de 100 grammes, le matin, sucrée avec du miel d'abeilles, dans les cas d'abcès hépatiques, et il me disait avoir obtenu de très heureux résultats.

Les gens du pays conservent l'usage de cette plante à laquelle donna une certaine importance un célèbre médecin herboriste très connu dans les premières années de ce siècle, sous le nom de « Médecin-botaniste de Choapa », dans les cas d'abcès et suppurations intestines, comme aussi pour prévenir les conséquences des coups et des chutes.

Quelques personnes recommandent le *Quinchamali* comme un excellent anti-syphilitique.

Son action thérapeutique est due très spécialement à une substance balsamique et à un principe tannique qu'il contient. Je ne le crois pas un médicament de grande activité, mais je suis très loin de le considérer comme inutile. Ses qualités balsamiques et astringentes doivent le faire apprécier comme un agent capable de rendre quelques services importants dans la médecine domestique et comme aide utile à d'autres médicaments de plus grande énergie pour les hommes de profession.

Ce qu'il y a de certain, c'est que les gens de la campagne lui conservent leur estime et en font un grand usage.

OROCOIPO

Myoschilos oblongum.

R. et P. Syst. veg. per. 73. — D. C. Prodr., XIV, 627. — Gay, V, pag. 327.

L'*Orocoipo* ou *Codocoipo* est un arbuste d'un mètre de hauteur, droit, d'écorce unie, partagé en branches alternes, ouvertes, à la base desquelles persistent les squames des bourgeons avec des fleurs brunes qui naissent avant l'apparition des feuilles, disposées en petits épis serrés, semblables à des chatons. Les étamines sont au nombre de cinq, avec les anthères élevées, blanches, et le pollen farineux. Le fruit est une drupe arrondie, presque lisse, légèrement aplatie dans la partie supérieure, d'un bleu cendré.

Elle est répandue depuis Chiloé jusqu'à Coquimbo. On en emploie les racines et les feuilles. Tous les herboristes vantent ses vertus; on la trouve dans presque toutes les pharmacies.

L'infusion de la racine est très employée comme stomachique et digestive dans toutes les perturbations qui ont pour cause une atonie de l'estomac. C'est pour cela qu'elle est recommandée et on la donne dans les dyspepsies, dans les indigestions, après les repas abondants, pour les gaz (pneumatose). Il est aussi recherché comme emménagogue et on le donne aux personnes chlorotiques qui souffrent de rétentions de la menstruation et de perturbations gastriques.

Je connais des personnes pour lesquelles ce végétal est une véritable panacée, un remède qui guérit tous les maux, capable de faire fuir toutes les maladies, mais ces mêmes personnes confessent que son action médicamenteuse est plus spéciale dans les cas indiqués. Il croît dans les lieux humides et bas; l'*Orocoipo* de la côte paraît être préféré.

EUPHORBIACÉES

PICHOA

Euphorbia portulacoïdes.

Lin. Arn. acad, III, 117. — D. C. Prodr., XV, 11, 102. — E. chilensis. Gay, V, 335.

Sa racine est forte et les tiges sont herbacées, couchées sur le sol, cylindriques, chargées de feuilles alternes, inégales, ovales-oblongues; les fleurs terminales, qui forment des ombelles trifides, accompagnées de trois bractées semblables aux feuilles, sont peu apparentes.

Il existe une variété qui se distingue par le duvet qui couvre toute la plante.

On la rencontre en grande abondance depuis Coquimbo jusqu'à Valdivia, et depuis le bord de la mer jusqu'aux Cordillères des Andes.

« La *Pichoa* est une herbe très efficace comme purgatif, au point qu'il faut savoir modérer son usage, sans cela les évacuations sont très abondantes. On l'emploie quelquefois pour faire une plaisanterie et alors on la mélange dans une boisson quelconque; à l'instant le besoin d'aller à la selle est si fort que le buveur est obligé de courir pour satisfaire son besoin, et si on ne lui administre pas un contre-remède, les évacuations le tourmentent longtemps. Le remède est de boire un peu de piment ou poivre délayé, et le mal cesse à l'instant. Quand on fait du fromage avec le lait des vaches qui ont mangé de cette herbe, ceux qui mangent de ce fromage se sentent attaqués d'une diarrhée qui dure quelques jours. ROSALES. »

« On emploie quelquefois le lait de la plante, quelquefois la tige; quand on se sert du premier, c'est à la dose de quelques gouttes dans du bouillon, et en cela consiste l'unique préparation médicinale ; si on emploie la tige, on la fait bouillir dans de l'eau ordinaire et on en prend un grand verre le matin. — FEUILLÉE. »

Bertero dit, par erreur, qu'on l'emploie en décoction pour les maladies des voies urinaires.

La *Pichoa*, comme la plus grande partie des Euphorbiacées, contient dans ses tiges un suc laiteux, visqueux, dont quelques gouttes suffisent pour produire un effet purgatif très actif. C'est un drastique très énergique, très employé dans la médecine chilienne, mais dont on a fait et dont on fait encore un abus impardonnable.

Ses effets proviennent de la résine qu'elle contient. M. Vasquez, ayant traité la tige de la *Pichoa* dans l'appareil circulateur de Payen avec l'alcool de 36° B, a obtenu 6 pour 100 d'une substance résineuse dont les caractères sont les suivants :

Aspect général de l'extrait : vert foncé en couches légères, odeur qui n'est pas désagréable, saveur amère, un peu âcre.

La solution alcoolique est d'un jaune verdâtre et de réaction acide.

L'éther le dissout bien, avec une couleur analogue à la solution alcoolique.

L'acool méthylique produit une solution semblable aux antérieures.

L'acide nitrique le dissout et lui donne une teinte jaune rougeâtre, en l'attaquant très lentement.

L'acide sulfurique, en le dissolvant, prend une couleur rouge foncé très intense, sans produire d'effervescence.

La potasse liquide forme un savon soluble avec une partie de la résine et, comme résidu, elle laisse de la chlorophylle. Si on agite ce savon dans une solution de chlorure de calcium, il s'en précipite un savon calcaire d'apparence caséeuse.

La *Pichoa* est un purgatif drastique très efficace dans les constipations rebelles, dans les apoplexies et congestions cérébrales ; dans les hydropisies, coliques de plomb, congestions viscérales et dans toutes les circonstances où il est nécessaire d'agir avec énergie sur l'intestin grêle produisant des évacuations séreuses abondantes et rapides. Il serait bon d'associer à ses préparations un peu de piment, afin d'atténuer les coliques qu'elle produit, comme on le fait avec l'*Eleterium.*

On fait usage des poudres de la racine, du suc laiteux, de la résine et de la teinture.

Afin de compléter ce que nous avons à dire sur cette plante, nous allons transcrire l'importante communication qu'en réponse à notre demande, nous a dirigée le jeune et studieux médecin M. le docteur Cruzat.

Il nous écrit ceci :

« En ma qualité d'aide de la clinique interne, j'ai eu l'occasion d'étudier, dans la salle qui était à ma charge, en 1883, les propriétés médicinales de la *Pichoa*, si en vogue dans notre pays, et qui, en maintes occasions, a été employée dans un but criminel et en imprudentes plaisanteries.

» Ses préparations officinales furent : les poudres de la racine, bien tamisées, et la teinture de toute la plante triturée et sèche, dans l'alcool de 90° pendant dix jours de macération.

» La plante fut recueillie dans la Cordillère de Maule et classée par le naturaliste M. Frédéric Philippi.

» Poudres : à la dose d'un centigramme, produisirent de légères coliques ; à celle de deux centigrammes nausées et vomissements, fortes tranchées du ventre et deux ou trois dépositions abondantes, séreuses ; huit centigrammes en deux paquets, à une demi-heure d'intervalle chacun, occasionnèrent des nausées, vomissements, intenses douleurs de coliques et d'abondantes dépositions séreuses. Chez un patient, cette même dose donna lieu à une véritable gastrite qui dura quelques jours.

» Teinture alcoolique : de un à cinq grammes, légère douleur à l'épigastre, une à deux abondantes évacuations séreuses ; de cinq à dix grammes, douloureuses coliques, nausées, quelques vomissements et quelques évacuations abondantes, claires. Cette préparation a un mauvais goût, raison qui la fait associer à quelques aromatiques ou à un calmant pour atténuer son action irritante sur l'appareil digestif.

» Ses indications thérapeutiques découlent de l'action physiologique décrite et, de là, son usage dans tous les cas où il est utile de produire une révulsion forte sur le tube intestinal.

» 1re Obs. — Le 1er février 1883, le lit n° 1 de la salle de clinique Saint-Dominique, à l'hôpital de San Juan de Dios, fut occupé par R. P. qui, dans l'après-midi du jour précédent, avait été piqué dans la partie antérieure de l'avant-bras droit, par le *Latrodectus formidabilis*. Comme une constipation rebelle suit toujours dans ces cas, j'employai pendant trois jours la potion suivante :

R	Eau de menthe distillée................ ...	120	grammes.
	Teinture alcoolique de pichoa............	5	—
	Mucilage de gomme....	30	—
	Sirop de cannelle.........	25	—

M Pour prendre en 3 fois, à deux heures d'intervalle.

Le patient eut le premier jour deux évacuations, une, excrémenteuse, l'autre séreuse; dans les jours suivants, trois évacuations séreuses. Le quatrième jour, on le laissa reposer, attendant que le ventre se remît spontanément, ce qui arriva.

» En trois cas analogues, la teinture de *Pichoa* a été administrée dans le même but thérapeutique et en obtenant le même résultat.

» 2me Obs. — Le 14 mars 1884, J. B. C. entra à la salle de clinique. Il travaillait depuis quelques années dans un magasin d'argenterie et plomberie où il avait contracté, en apparence, depuis un an et demi une colique saturnine. C'est un buveur invétéré.

Les symptômes de cette colique furent bien accentués : il y avait sept jours qu'il n'allait pas à la selle, le foie était congestionné et sensible au toucher; saveur métallique dans la bouche, sialorrhée, bord bleuâtre sur la gencive de la mâchoire supérieure; anorexie, douleur à l'épigastre quand il mangeait ou buvait.

Comme traitement, il fut prescrit : iodure de potassium à doses progressives, depuis deux jusqu'à dix grammes par jour; et pour combattre la constipation on lui donna, pendant huit jours (six, huit et dix heures A. M.), la potion suivante :

R			
	Eau distillée de menthe	120	grammes.
	Teinture de pichoa.....	10	—
	Teinture de Cardamome	8	—
	Mucilage de gomme	20	—
	Sirop de diacode.........................	25	—
M			

» La dose de la teinture fut diminuée graduellement jusqu'à trois grammes par jour. Avec ce traitement, suivit une convalescence de deux mois et il recouvra complètement la santé.

» Dans les nombreuses absorptions que le patient fit de la teinture de *Pichoa*, associée à l'opium, jamais son estomac n'accusa la moindre altération.

VENTOSILLA

Argyrothamnia Berteroana.

Muell. D. C. Prodr., XV, 11, 744. — Chiropetalum lanceolatum, Jusi. — Chiropetalum Berteroanum, Schltdl. — Gay, V, 344.

Plante à tiges rugueuses, abondantes, glabres, de 50 centimètres de hauteur, violacées-bleuâtres, surtout dans la partie supérieure, les feuilles sont ovales, alternes, lancéolées, glabres, entières, d'un vert un peu foncé, quelquefois violacées, inégales de grandeur; les fleurs sont monoïques, en forme d'épis solitaires à l'aisselle des feuilles; la corolle est jaunâtre avec cinq pétales ovales-cunéiformes, avec le limbe lacinié, moitié plus court que le calice; chez les fleurs femelles, il n'y a pas de corolle et le calice est trois fois plus grand que chez les fleurs mâles; la capsule est petite, légèrement velue.

Ce genre est particulier à l'Amérique du Sud et ses espèces plus communes au Chili et au Pérou.

La *Ventosilla* croît sur les collines et endroits secs des provinces centrales; ses feuilles et ses tiges donnent une couleur bleuâtre qui ressemble à la couleur de l'indigo, ce qui pourrait la rendre utile dans l'industrie.

Les feuilles de cette plante ne s'emploient que dans la médecine des campagnes, contre les gaz de l'estomac et des intestins; de là lui est venu son nom.

Elle semble posséder des qualités stimulantes et carminatives.

SALICINÉES

SAUCE

Salix Humboldtiana.

W. Spec. plant., IV, 657. — Gay, V, 384. — D. C. Prodr., XVI, II, 199.

Arbre à forme pyramidale, de trois à cinq mètres de hauteur; les branches sont ouvertes et les bourgeons grisâtres, striés, un peu velus; les feuilles linéaires, pointues, dentées, serrées, glabres des deux côtés.

C'est l'unique espèce indigène du genre *Salix* connue au Chili; il croît dans les endroits humides des provinces du Nord, depuis le 34e degré jusqu'à Copiapò. On le voit au bord des rivières et des ruisseaux.

Comme on le sait, l'écorce du *Sauce* (saule) contient une substance blanche et cristalline, la *salicine* qui, à une époque, eut une grande renommée pour le traitement des fièvres intermittentes et autres pyréxies.

Ses effets dans ces maladies ne sont pas à dédaigner; mais ils n'arrivent jamais à égaler les sels de quinine, le remède souverain des pyrexies.

L'écorce du saule chilien est aussi riche en *salicine* que les saules européens, et dans les cas urgents, elle peut être employée dans toutes les maladies pour lesquelles on préconise l'usage de ces derniers.

GNÉTACÉES

PINGOPINGO

Ephedra andina.

Poepp. et Eudl. Synop. con., 255. — Gay, V, 400. — D. C. Prodr., XVI, 11, 353. — E. americana, Best. — Bracteata, Miers., etc.

Arbuste qui atteint une hauteur de trois mètres et quelquefois davantage, partagé en nombreuses branches demi-grisâtres et ensuite en branches plus faibles, flexibles ; chatons féminins, solitaires ou au nombre de deux ou trois à l'extrémité d'un pédoncule peu développé; les fruits sont blancs, charnus, de la grosseur d'un pois et d'une saveur douce.

Il croît depuis Chillan jusqu'à Atacama, et, depuis la côte, jusqu'aux Cordillères ; il y en a deux variétés. Son fruit est comestible.

On emploie l'infusion et la décoction des branches et des racines comme diurétique et dépuratif. On dit qu'à une époque déjà très éloignée, il jouissait d'une grande renommée dans les affections syphilitiques.

M. Moller a pratiqué et fait connaître une analyse de la racine du *Pingo-pingo*, la recommandant contre les affections de la vessie.

CONIFÉRES

PIÑON

Araucaria imbricata.

Par. Mem. Acad. Matrit, I, 197. — Gay, V, 415. — D. C., Prodr., XVI, II, 370. — Pinus Araucana, Mol. — Dombeya chilensis, Lam. — Columbea quadrifaria Salisb.

Arbre grandiose, dont la hauteur dépasse trente mètres, très droit, nu à la base quand il devient vieux, les branches sont droites, horizontales, quelquefois tombantes et d'autant plus longues qu'elles sont inférieures, de sorte que leur ensemble forme comme une coupole; les feuilles sont imbriquées, sessiles, coriacées, ovales, lancéolées, fermes, piquantes, d'un vert plus ou moins brillant; chatons masculins cylindriques, droits, terminaux, les écailles plus petites que celles des chatons féminins; les graines sont allongées, coniques et couvertes d'un tégument de la couleur des châtaignes.

Les Araucaniens lui donnent le nom de *Pehuen*, et au fruit celui de *Piñon*. Celui-ci est farineux, comestible, très agréable et de grande consommation, surtout dans les provinces du Sud.

« Cet arbre magnifique, dit Gay, vit en groupes, mâle et femelle, sur pieds séparés, dans les cordillères de Santa Barbara, Nahuelbuta, etc., et arrive jusqu'aux montagnes de Villa-Rica. Du tronc, coule une résine blanchâtre qui a l'odeur de l'encens. Les paysans l'emploient en emplâtres pour les contusions et ulcères de mauvaise nature; elle cicatrise les fractures et luxations, soulage les maux de tête qui proviennent de fluxions et migraines; enfin on l'emploie comme diurétique en pilules et aussi pour faciliter et nettoyer les ulcères vénériens, mais, la plus grande valeur de cet arbre consiste dans l'abondance de pommes de pins que produisent les arbres femelles. Ce cône a besoin de deux ans pour arriver à sa maturité et contient plus de cent et quelquefois deux cents graines d'un goût excellent qui ressemble à celui des châtaignes. »

La graine est considérée jusqu'à ce jour plutôt comme alimentaire que comme médicinale ; mais il serait utile de profiter pour la médecine de la résine qui sort des troncs, résine qui pourrait servir aux mêmes usages que les autres espèces d'Abiétinées.

On recommande la graine comme galactagogue pour les femmes qui nourrissent, d'autres la considèrent comme aphrodisiaque.

Il y eut un temps où l'industrie navale utilisait cet arbre grandiose pour les mâts des navires.

ALERCE

Fitzroya patagonica.

D. Hook, Curt. bot., Mag., tab., 4616. — Gay, V. 410. — D. C., Prodr., XVI, II, 463.

C'est un des arbres les plus majestueux et les plus remarquables du pays, par sa taille élevée et ses dimensions, il est rameux ; les feuilles petites, obtuses, quaternées, d'un vert prononcé, concaves par-dessus, et naviculaires par-dessous, où elles ont deux lignes blanches ; cône composé de six écailles grosses, les trois extérieures plus petites, stériles, les trois intérieures, contenant chacune trois graines à leur base.

Il croît depuis Valdivia, vers le Sud, dans la Cordillère de la côte. Il atteint quelquefois 50 mètres de hauteur, et près de 5 mètres de diamètre, ce qui ferait croire qu'il arrive jusqu'à l'âge de 2,500 ans.

Son bois est rouge, tendre, résistant à l'air, à l'eau et au soleil ; il ne pourrit pas, ni ne se pique. Il est regrettable que l'industrie ne profite pas de l'étoupe qu'on peut en retirer, et dont l'usage pourrait être si utile.

Le tronc produit une résine solide, jaune, qui se présente en petits grains, d'une odeur assez prononcée, de saveur brûlante, très ressemblante à la résine que distille le pin, et elle pourrait dans la médecine servir au même usage. Les gens de la campagne l'emploient pour les enflures et les douleurs.

BROMÉLIACÉES

CHAGUAL

Puya coarctata.

Gay, VI, II. — Puya suberosa et chilensis, Mol. — Pourretia coarctata, R. et P. — Renealmsia Feuill.

De la racine, qui est mince, naissent plusieurs tiges grosses, couvertes d'écailles qui sont les restes des feuilles tombées. De la partie supérieure de chaque tige sortent un grand nombre de feuilles imbriquées, cannelées, glabres, d'un mètre de longueur, sur quatre centimètres de largeur garnies d'épines en crochets ; les fleurs forment un épi serré, avant le développement, s'ouvrant ensuite en forme pyramidale, à la pàrtie supérieure d'une hampe qui sort du centre des feuilles ; elle est ronde, d'un vert bien prononcé, de près de 3 mètres de hauteur, et de 8 à 10 centimètres de diamètre; les pétales sont d'un bleu verdâtre ; le fruit est ovoïde, trigone, avec beaucoup de petits grains bruns.

Cette plante croît dans les lieux secs des provimces. On donne communément, à la tige, le nom de *chagual*, à la feuille celui de *cardon*, et à la fleur, celui de *puya*, d'où paraîtrait provenir le nom générique adopté par Molina.

Les nectaires des fleurs contiennent une espèce de sirop très apprécié par les paysans. Au temps de la colonisation espagnole, quand le commerce n'existait pas encore, et que la pauvreté était grande, on recueillait ce jus, on lui donnait la consistance du sirop, et il était assez employé.

Des tiges, s'écoule une abondante gomme, d'un goût acide très prononcé, et dont on fait un usage fréquent ; elle est officinale. Elle se présente en larmes ou en morceaux durs, d'un volume quelquefois très gros, et de formes diverses. Elle est transparente, incolore, ou légèrement jaunâtre. Extérieurement, elle est marquée par des fissures inégales et en sens divers ; sa cassure est lisse, brillante comme celle des coquillages.

Elle est dure, difficile à réduire en poudre, inodore, et, comme nous l'avons déjà dit, d'une saveur douce et acidulée très marquée ; peu soluble dans l'eau froide, beaucoup plus dans l'eau chaude.

Selon les résultats obtenus par l'analyse pratiquée, M. Vasquez considère la gomme du *Chagual* comme un produit immédiat formé des produits suivants :

Gomme analogue à l'Arabique	9
Puyina	68
Acide	33
Total	100

« Les proportions indiquées ne sont pas les mêmes, dit M. Vasquez, dans les divers grains ou larmes de gomme ; quelques-uns contiennent plus ou moins d'acide ; mais on peut calculer, en moyenne, 30 à 33 pour 100. Je donne le nom de *Puyina,* de *Puya* (nom de la plante), à la matière gommeuse, abondante, parce que ce n'est pas une véritable cérasine comme celle du prunier, pêcher, et autres arbres ; et, en effet, bon nombre de ses propriétés sont complètement distinctes. (*Anales de farmacia*, I. 135).

Le caractère le plus saillant de cette gomme, son caractère particulier en un mot, c'est son goût très acidulé et agréable. Ce caractère joint à sa qualité gommeuse la rend très remarquable, et propre à être administrée dans quelques maladies.

J'ai eu occasion de l'employer très souvent, dans ma longue carrière, et je n'ai jamais eu à me repentir de son usage.

Je la conseille dans les diarrhées des phthisiques, surtout dans l'état pyréxique, dans les diarrhées et dysenteries de l'été, dans les fièvres qui sont accompagnées d'évacuations exagérées, et dans les hémoptoses. On ne peut pas dire que la gomme du *Chagual* soit un agent médicamenteux de grand pouvoir ; c'est seulement un adjuvant excellent d'autres plus actifs.

On l'administre en tisane préparée dans de l'eau chaude, sa dissolution étant ainsi plus facile et se faisant en plus ou moins grande quantité, suivant les circonstances.

IRIDÉES

TRIQUE

Libertia cærulescens.

Kish et Bouché. Linnea, XIX, 382. — Gay, VI, 32.

Tige droite, simple, plus courte que les feuilles, celles-ci sont striées et naissent du col de la racine ; les fleurs pédonculées, bleuâtres, disposées en fascicules réunis dans un épi dense ; les pétales d'une longueur double que les sépales ; les filaments sont réunis, et les anthères arquées et jaunes.

Cette plante croît dans les provinces centrales, mais, plus communément ; vers la côte. Cette espèce, et la *L. Ixioïdes* qui croît un peu plus au Sud, sont connues par les indigènes sous les noms de *Trique*, *tequel-tequel*, *calle-calle* et *chupaya*.

On ne fait usage dans la plante que du rhizome. On le trouve dans le commerce, de la grosseur d'un porte-plume, ou un peu plus, soit droit ou courbé, en divisions dichotomiques, par longueurs de 5 à 10 centimètres ; la couleur en est brun foncé quand il est sec ; il est pourvu d'anneaux provenant de l'insertion des feuilles et de nombreuses petites racines longues et filiformes.

Sa cassure est compacte, dure, d'un blanc gris sur l'écorce ou la peau, et plus foncé sur la circonférence. Il est inodore et de saveur légèrement amère.

Les préparations pharmaceutiques du *Trique* sont l'infusion et la teinture alcoolique. L'infusion se fait au 4 pour 100.

Pris en doses légères, le *Trique* agit comme digestif et laxatif. En doses plus fortes, il agit comme drastique, et en conséquence détermine des douleurs, coliques avec évacuations blanchâtres fréquentes et claires.

Ses effets ressemblent un peu à ceux du *jalap*.

Je l'ai vu souvent employer pour les dyspeptiques et pour ceux qui souffrent de congestions hépatiques et constipations, mêlé à la *Yerba mate* (comme le séné), le matin, dans le but de maintenir la régularité des fonctions digestives, et de faire disparaître les congestions abdominales.

La teinture alcoolique, à la dose de 20 à 30 grammes, ou une infusion de *Trique*, très chargée, détermine quelquefois des nausées et des vomissements ; mais c'est toujours un médicament qui exerce une bienfaisante influence dans les hydropisies, œdèmes d'origine circulatoire, congestions cérébrales et abdominales, en un mot, dans tous les cas où on a besoin de recourir aux purgatifs drastiques.

Son principe actif est-il dû à une résine ou à un principe extractif ? Je l'ignore, parce que l'analyse de ce rhizome aussi important qu'actif n'a pas encore été pratiquée.

Le Dr Segeth, de Santiago, est celui qui a introduit le *Trique* dans la thérapeutique et fait préparer sa teinture.

Quoique médicament d'un usage très répandu parmi le peuple, et principalement dans les campagnes, bien peu de médecins chiliens le connaissent et l'ont administré.

AMARYLLIDÉES

LIUTO

Alstrœmeria ligtu.

Lin. Sp., 462. — Gay, VI, 84. — Kth. En. V, 767. — R. et P. — Feuilleana Meyer. — Hermerocaltis ligtu Feuill.

Plante glabre, à racines fasciculées, avec des tubercules oblongs-cylindriques très tendres, assez doux; la tige est droite, simple, cylindrique, dépourvue de feuilles dans la partie inférieure ; celles-ci sont sessiles, linéaires-lancéolées, subaiguës ; les fleurs sont disposées en ombelles, de couleur rose, avec les folioles du périgone oblongues-lancéolées.

Elle croît principalement dans les provinces de Concepcion et Maule, et quelques-uns lui donnent le nom de *Amancai.*

On extrait de sa racine une fécule très appréciée, qui se vend beaucoup et qui est connue sous le nom de *Chuño de Concepcion.*

L'extraction s'effectue de la même manière que pour la fécule de pomme de terre.

Examinée au microscope, cette fécule diffère, dans sa forme, de celle de la pomme de terre; elle est également plus lourde. On la croit plus alimentaire, et c'est une des substances les plus précieuses que nous possédions pour donner aux convalescents et à ceux qui souffrent d'inflammations du canal digestif.

Comme les autres fécules, on l'emploie avec grand succès dans les érysipèles simples, dans les érythèmes et irritations cutanées.

SALSILLA

Bromuria salsilla.

Herb. Amar., 110. — Gay, VI, 96. — Kth. En., V, 787. — Alstrœmeria salsilla, L. — Salsilla, Feuill., II, f. 6.

Racine avec des tubercules de la grosseur d'un pois chiche environ, charnus, blancs en dedans, très foncés à l'extérieur; la tige est très longue, simple, mince, volubile ; les feuilles sont glabres, lancéolées ou ovoïdes-lancéolées, membraneuses, nerveuses ; les fleurs pourprées disposées en ombelles, accompagnées de bractées oblongues-obtuses, un peu frisées et au nombre de cinq à sept.

« Cette charmante plante est assez commune dans les provinces du Sud, depuis Talca jusqu'à Valdivia; les Araucaniens font usage de sa racine, comme sudorifique, dans les maladies vénériennes, et quelquefois en infusion contre les maux d'estomac, mais nous doutons beaucoup de ces vertus. — Gay. »

« Les Indiens s'en servent dans les maux d'estomac, la laissant infuser pendant la nuit dans l'eau froide; cette infusion leur sert de boisson et les soulage de leurs douleurs. — Feuillée. »

L'infusion de la racine de *Salsilla* est remarquable par ses propriétés digestives et stimulantes, et elle a été mise à l'essai, durant l'épidémie de choléra qui nous a visités, avec un certain succès.

Dans les provinces du Sud, elle a remplacé la menthe. On la conseille aussi contre les diarrhées et indigestions.

LILIACÉES

ZARZA

Herreria stellata.

R. et P. Flor. Per., III, 305. — Gay, VI, 44. — Kth. En., V, 291. — Verticillata, Mol.

Sous-arbuste grimpant, glabre, vert jaunâtre, à tiges cylindriques, tortueuses, rameuses ; les feuilles naissent par fascicules, de 5 à 7, plus ou moins séparés, et sont lancéolées-linéaires, aiguës, coriacées, à nervures ; les grappes naissent du milieu des feuilles et sont simples ou rameuses, elles portent des fleurs petites d'un vert jaunâtre, herbacées, soutenues par des pédicelles très minces accompagnés de petites bractées membraneuses et pointues;

On lui donne aussi le nom de *Salsepareille* chilienne, et elle est assez commune le long des rivières, et dans les lieux humides des provinces de Concepcion et Ñuble.

Les paysans emploient les racines de cette plante, comme si elle était une véritable *Salsepareille*, c'est-à-dire, en infusion et décoction dans les rhumatismes chroniques, dans les affections syphilitiques et maladies de la peau.

PALMIERS

PALMA

Jubea spectabilis.

H. B. et Kth. — Gay, VI, 157. — Micrococus chilensis, Ph. — Cocos chilensis, Mol. — Molinœ micrococus, Bert.

Arbre droit, de 12 à 15 mètres de hauteur, et quelquefois davantage, cylindrique, revêtu à sa partie supérieure de nombreuses écailles, restes des pétioles endurcis; les feuilles sont réunies en ombelles, dans la partie supérieure de la tige, pennées, de 2 à 3 mètres de longueur, chaque division est linéaire, striée, acuminée; les fleurs sont d'un jaune paille légèrement coloré, les masculines pédicellées, les féminines, parfaitement sessiles; la drupe est de la grosseur d'une noix, verte d'abord, jaune ensuite.

Le palmier chilien croît dans les provinces de Valparaiso et de Santiago principalement, formant sur quelques points des bois importants.

Les fruits sont comestibles et sont devenus un article d'exportation. Ils contiennent une huile que l'industrie n'a pas exploitée jusqu'à ce jour. En abattant l'arbre, et coupant la partie supérieure, il en sort un liquide sucré qui se transforme en un miel très agréable par évaporation. Ce miel est très estimé au Chili; on le sert comme un plat de dessert, et on le croit doué de propriétés digestives et légèrement laxatives. En laissant fermenter le liquide, il subit une transformation alcoolique, et devient le *Cuarapo* de nos paysans, eau-de-vie forte et très enivrante.

GRAMINÉES

CHÉPICA

Paspalum vaginatum.

Sw. Flor. Ind. occ., I, 255. — Gay, VI, 239. — Kth. En., I, 52. — Fernandisianum Colla.

Tiges striées, cylindriques, glabres, d'abord droites, se courbant ensuite et émettant à chaque nœud des feuilles et des racines; graines plus courtes que les entre-nœuds, molles, bordées sur leur sommet de poils raides et blancs, d'autant plus abondants que l'endroit, où l'herbe a crû, est plus humide; les feuilles sont d'un vert jaunâtre, linéaires, acuminées ou lancéolées linéaires.

Plante très commune dans tout le Chili, principalement dans les terrains humides; elle remplace pour nous le chiendent européen, connu sous le nom de *Triticum repens*.

La décoction de la racine est recommandée comme un sûr et efficace diurétique; on l'ordonne dans les hydropisies, blennorrhagies, affections génitales, etc.

Peu d'herbes sont plus connues et plus usitées dans la pratique journalière de notre peuple.

Elle entre dans la composition des espèces diurétiques de notre pharmacopée.

LANCO

Bromus stamineus.

Desv. in Gay, VI, 440. — Catharticus, Mol., Ed. II, 279. — Vahl. Symb., II, 22. — Kth. En., I, 417.

Espèce vivace, touffue, dont la tige atteint une longueur de 60 centimètres; quelques-unes de ces tiges sont fertiles, les autres stériles ; le panicule est grand et mou ; les petits épis très comprimés, de 20 à 26 millimètres de longueur avec quatre ou six fleurs.

Elle croît sur les bords des fossés et canaux dans toutes les provinces centrales.

Feuillée dit que la racine de cette plante est grosse, verte à l'intérieur, son action purgative et qu'elle est employée en décoction. Molina lui attribue, par erreur, les mêmes effets, et, de là, vient le nom de *Catartica* qu'on lui a donné.

M. Juan Miguel lui attribue une action émétique douce et la considère comme un faible succédané de l'ipécacuanha. On emploie toutes les parties de la plante et on la donne en infusion dans les indigestions et dysenteries de caractère bénin, en l'absence de médicaments plus actifs.

PAJA RATONERA

Hierochloe utriculata.

Kth. Gram., I, 193, tab. 8. — Gay, VI, 258. — Torresia utriculata, R. et P.

Graminée robuste, hérissée, odorante quand elle est sèche ; les graines sont molles et surpassent les entre-nœuds ; la ligule est ovale, entière, tronquée, les feuilles sont très longues, larges ; la panicule est redressée, contractée, étroite, embrassée à sa base par la gaine de la feuille supérieure ; les épillets contiennent à l'intérieur des fleurs mâles et une, supérieure, fertile ; les glumes brillantes, largement ovales et obtuses.

Cette plante est commune dans les provinces de Concepcion, Arauco, Valdivia et Chiloé.

On dit que la racine de la *Ratonera* est apéritive, diurétique et rafraîchissante et on conseille de boire sa tisane à volonté dans les irritations abdominales et les congestions viscérales.

FOUGÈRES

DORADILLA

Notochlæna hipoleuca.

Kze. Linnea, IX, 54. — Gay, IV, 495.

Feuilles linéaires lancéolées, supportées par un stipe assez long, pennées ou bi-pennées, vertes et velues à l'extérieur, couvertes sur la face intérieure d'un duvet épais et blanchâtre.

Comme presque toutes les fougères, la *Doradilla* vit dans les lieux secs et on la rencontre dans toutes les provinces centrales du Chili.

Elle passe pour diurétique, et, comme telle, on l'administre dans tous les cas où on a besoin d'augmenter les sécrétions urinaires. Toute la plante est employée; on la donne en infusion et on la boit comme tisane.

Les espèces diurétiques de la pharmacopée chilienne se composent de :

Racine sèche de	céleri	....	*aa* parties égales.
— —	asperge	....	
— —	doradilla	....	
— —	persil	....	
— —	chepica	....	

La *N. Mollis* Kze peut la remplacer et peut être employée pour les mêmes usages.

CULANTRILLO

Adiantum chilense.

Kaulf. Enum fil., 207. Gay, 485. — Rotundatum, Desv.

Fronde ovale lancéolée, trois ou quatre fois pennée, supportée par un stipe de deux décimètres de long dans tout son développement; pinnules rhomboïdales ou trapézoïdes, entières ou faiblement lobulées, toutes pédicellées.

Elle croît dans tout le pays, dans les lieux humides et près des sources.

Sous le même nom de *Culantrillo* ou *Culantrillo des marais*, on désigne quelquefois d'autres espèces du même genre, qui possèdent les mêmes qualités.

La médecine populaire en fait usage en décoction, comme pectoral, apéritif et emménagogue. Dans ce cas on l'adoucit avec du miel d'abeilles.

C'est le succédané de l'*Adiantum Capillus veneri* européen et il possède les mêmes propriétés.

PALMILLA

Blechnum hastatum.

Kaulf. Enum., fil., 160. — Gay, VI, 479. — Trilobum, Presl.

Rhizome ligneux, gros, émettant un grand nombre de racines rameuses; frondes lancéolées, acuminées, pennées.

La décoction des racines de cette fougère, qui croît en abondance dans les lieux humides des provinces centrales, est vantée comme emménagogue et abortive.

CALAGUALA

Gonophlebium synammia.

Feuil. Geu. fil., 255. — Gay, VI, 510. — Mecosorus trilobus, Klotz. — Polyp. trilobum, Car. — Synammia triloba; Presl.

Fronde ovale ou un peu rhomboïdale, coriace, pennée, glabre; pinnules lancéolées (2 à 13), terminées en pointes aiguës, discolores, décurrentes, légèrement crénelées; spores oblongues, grosses; sporanges ovales, pourvues dans le milieu d'un anneau transparent, rhizome gros, rameux, couvert d'écailles imbriquées, jaunâtres.

Le nom spécifique de *Trilobum* semble ne pas lui convenir, car la plante est pennifide. Elle croît dans les lieux humides et sombres des provinces centrales et du Sud, spécialement sur les arbres; par exemple, elle est très commune sur les pommiers à Valdivia.

On fait usage de la décoction ou de l'infusion des racines dans les affections pulmonaires chroniques, coqueluches, grossesses ou catarrhes gastriques, coliques; et on lui concède des propriétés tempérantes, résolutives, pectorales et sudorifiques. Elle passe aussi pour vulnéraire et il y a des personnes qui la croient un bon succédané de l'arnica.

Il est bon de ne pas confondre cette espèce de *Calaguala* avec la péruvienne qui appartient à un genre distinct.

Les deux autres espèces, *G. Aranslucens* Feuill. et *Californicum*, Feuill., se connaissent sous le même nom et ont le même emploi.

PALMITA

Absophita pruinata.

Kze, Linnea, IX, 99. — Gay, VI, 525. — Discolor, Sturn. — Cyathea discolor, Bory. — Polyp. cinereum, Car.

Fougère avec un gros rhizome à l'extrémité duquel naissent des feuilles d'une grandeur considérable, car elles atteignent une hauteur de quatre mètres; frondes tripennées, rayées, glauques en dessous; spores solitaires à la base de chaque division; sporanges courtement pédicellés; rachis d'abord glabre, creusé d'un côté par un profond sillon, convexe de l'autre; rachis secondaires couverts de poils laineux de couleur jaune.

Cette belle fougère croît en abondance à Juan Fernandez, Valdivia et autres lieux, au bord des ruisseaux et dans les bois montagneux.

Le docteur Fonck me fit connaître pour la première fois les bons résultats qu'on peut obtenir de l'emploi de cette fougère dans les hémorrhagies simples. On peut l'employer au lieu d'amadou dans les hémorrhagies produites par les piqûres des sangsues et dans les cas de légères blessures.

Chaque fois que j'en ai fait usage, j'ai obtenu le résultat voulu.

LICHENS

CHACALCURA ou CALCHACURA

Espèce de Parmelia, principalement la P. (Imbracaria) caperata, Ach. Gay, VIII, p. 133.

On connaît sous ce nom et aussi sous celui de *Fleur de pierre* des petits lichens qui vivent sur les roches, d'aspect blanchâtre ou grisâtre, faciles à pulvériser et que les gens de la campagne emploient comme médicament.

« La *Calchacura*, dit Rosales, est une herbe qui croît sur les roches; mâchée, on la maintient dans la bouche avec la salive pour guérir les ulcères de la gorge, et le résultat est admirable; elle guérit aussi les enflures des oreilles en l'appliquant sur la douleur. »

Il paraît qu'en réalité la *Calchacura* donne de bons résultats dans les stomatites aphteuses et dans les inflammations de la gorge, mais où son action se fait le mieux sentir et où elle est bien mieux définie, c'est dans les affections cutanées, surtout dans les herpès et dans l'eczéma déjà aigu ou chronique, comme dans d'autres maladies vésiculaires de la peau. Dans le traitement de ces affections, le pansement se fait par le lavage des parties affectées avec une décoction de *Calchacura,* saupoudrant ensuite les mêmes parties avec l'herbe réduite en une poudre fine.

Il est très probable que ces mêmes poudres sont convenables dans les érythèmes, surtout chez les enfants, mêlées à l'amidon où à une autre fécule.

On l'emploie aussi en injections vaginales pour le traitement des métrites ulcéreuses.

CHAMPIGNONS

COIGÜE

Polyporus senex.

Nees et Montag, Ann. Sc nat., 2e série, V, 70. — Gay, XII, 356. — Boletin de med., I, 214.

C'est un des plus grands champignons chiliens; son diamètre atteint 30 centimètres; son chapeau est semi-orbiculaire, uni dans toute sa base aux troncs des arbres sur lesquels il croît, légèrement convexe en dessous, s'amincissant beaucoup vers le bord qui est aigu et ondulé ; sa face supérieure est plane, sillonnée par des rugosités séparées par de profonds sillons disposés en zones concentriques ; sa couleur est grisâtre.

Il croît dans les diverses parties du Chili et sur différents arbres.

Ce champignon peut se diviser en deux fractions : une, supérieure, l'autre, inférieure, douées de caractères distincts. La supérieure est molle, très absorbante et d'une saveur acide très marquée; l'inférieure est plus consistante, moins acide et moins poreuse.

Mis dans une solution aqueuse de bicarbonate de soude, ce champignon produit une effervescence (ce qui indiquerait la présence, chez lui, d'un acide, si sa saveur ne l'avait déjà dénoncé) il se divise, se sépare, devient glissant et onctueux.

Ses propriétés et ses conditions organoleptiques, qui le font ressembler à l'agaric, manifestent ses qualités comme coagulant, absorbant et hémostatique.

En effet, M. Grossi, qui s'est occupé de l'étude de ce champignon, le préconise dans les hémorrhagies externes, quand un vaisseau a été coupé et qu'il est trop court pour être lié et dans celle des hémophiles où toute intervention chirurgicale peut être dangereuse. Des hémorrhagies dans lesquelles eussent été impuissants le perchlorure de fer, le nitrate d'argent et autres hémostatiques, cédèrent à l'application de la partie la plus spongieuse de ce polypore, maintenu pendant quelques heures.

M. Grossi ne s'est pas limité à cette expérience, mais jugeant que sa composition pourraît être utile pour le traitement des sueurs, il l'a ordonné à l'usage interne, sous la forme suivante :

R	Eau distillée........................	100 grammes
	Polyporus senex.....................	25 centigrammes
	Bicarbonate de soude................	1 gramme
	Gomme en poudre.....................	Q. B.
M	En prendre une cuillerée dans la nuit.	

Pour ma part, mon opinion est qu'il serait préférable de l'employer dans ces cas, à la dose de 20 centigrammes dans une capsule amylacée, parce qu'alors on pourrait utiliser son action astringente.

ALGUES

COCHAYUYOS

Durvillea utilis.

Bory, Coq., pag. 65, t. I et II, f. 1. — Gay, VIII, 24. — Montag. Voy. Pôle Sud, cryp. 52. — Laminaria cœpœtipes, Montag. — Fucus antarticus, Chamus.

Cette algue acquiert quelquefois une grande dimension et on en voit qui atteignent près de dix mètres; elle adhère aux roches par un disque très puissant, plein, hémisphérique.

Elle est très abondante sur toute la côte du Chili, depuis Coquimbo vers le Sud, jusqu'au cap Horn. Les bourgeons qui sortent du disque, connus aussi sous le nom de *huiltes*, sont comestibles et se vendent sur tous les marchés.

Toutes les algues contiennent une légère quantité d'iode, comme le *Cochayuyo;* on l'emploie en cataplasmes dans les enflures scrofuleuses, dans les goîtres, mais toujours avec peu de profit, en raison de la rareté de son principe actif.

Pour ce motif, il est certain que pendant qu'on pratique les frictions avec les diverses pommades iodées, communément employées, on conseille l'usage de ce végétal maritime dans les repas et sous cette forme les résultats semblent meilleurs.

Si les bains préparés avec la décoction de *Cochayuyo* n'agissent pas, à cause de leur petite quantité d'iode, ils sont très avantageux dans certaines affections par la grande quantité de gélatine qu'ils contiennent.

FIN

TABLE ALPHABÉTIQUE

A. ROGER Y F. CHERNOVIZ — IMPRIMERIE DE LAGNY

OUVRAGES SUR LE CHILI

QU'ON PEUT CONSULTER

A LA LÉGATION CHILIENNE, A PARIS

La Quinta Normal de Agricultura, ouvrage sur l'enseignement agricole au Chili, par René F. Le Feuvre.

Les Beaux-Arts au Chili, par Vicente Grez.

Les Plantes médicinales du Chili, par le docteur Adolphe Murillo.

L'Hygiène et l'Assistance publique au Chili, par le docteur Adolphe Murillo.

www.ingramcontent.com/pod-product-compliance
Ingram Content Group UK Ltd.
Pitfield, Milton Keynes, MK11 3LW, UK
UKHW012022240726
13965UKWH00002B/521